上海乡村传统建筑元素

THE CHARACTER-DEFINING ELEMENTS OF SHANGHAI VERNACULAR ARCHITECTURE IN RURAL AREAS

上海市规划和自然资源局　编著

上海大学出版社

Shanghai University Press

　　《上海乡村传统建筑元素》以冈身松江文化圈、淞北平江文化圈、沿海新兴文化圈、沙岛文化圈四大文化圈为主线，全面论述了上海的乡土建筑元素。乡土建筑又称民间建筑、乡村建筑、村镇建筑等。上海2035总体规划对四大文化圈也有相关风貌的描述：松江文化圈有着湖荡湿地散布的江南水乡田园村镇，淞北平江文化圈属于典型的江南传统聚落，沿海新兴文化圈内滩涂、河流交织，沙岛文化圈是长江入海口淤积漫滩的自然特色，江海交汇，具有江南韵味和海岛特色。

　　乡土建筑是本土的、自发的、民间的、传统的、乡村的、非专业建筑师设计的建筑，是朴素的、实用的、简约的、用地方材料和传统技术建造的建筑，也是最能代表本土文化特征、最能显示传统、最能表现风俗习惯、最能适应气候条件、最具原型意义的可持续建筑。乡土建筑不只是建筑，也是与自然和谐共生的建成环境，是家宅、家园、家国的情怀所在。乡土建筑的类型包括民居、厅堂、院墙、贾肆、祠堂、书院、戏台、广场、亭台、楼阁、桥梁、河埠、码头、衙署、寺庙、作坊、牌坊、园林等。

　　上海的历史可以追溯到6000多年前的崧泽文化和福泉山文化，距今6000多年前的新石器时代，上海地区冈身（今外冈、方泰、马桥、邬桥、胡桥、漕泾一线）以西地区已经成陆，青浦和金山地区已经有人类居住，并不断向东拓展。《上海乡村传统建筑元素》记录了上海成陆的地貌变迁和文化圈的形成，揭示了上海乡土建筑多元化的深层原因。悠久的历史文化和地质、地貌的差异，宽广的地域文化圈和湖荡水网的差异以及丰富的建筑类型形成了异质的乡土建筑。

　　上海的乡土建筑不仅受历史悠久的正统中原文化的影响，又融入了长江流域和港口城市的商业文化、国际通商口岸城市的杂交文化以及江南地区的水乡文化。由于持续受外来文化的影响，尤其是开埠后西方文化的进入，上海的乡土建筑所表现的文化突变性更多于延续性，变异甚于进化。

　　四大文化圈内有深厚的历史文化积淀，留下了丰富的乡土建筑，目前上海有10个中国历史文化名镇、

1 个上海历史文化名镇、10 个风貌特色镇、2 个中国历史文化名村、3 个中国传统村落以及数十处风貌特色村。文化圈内的乡土建筑与主城区那些优秀的历史建筑具有同样辉煌的历史价值和文化价值，松江农村朴实的四坡顶住宅与衡复历史风貌区内那些富丽堂皇的宅邸有着同样的艺术价值，朱家角那鳞次栉比的临河建筑与外滩壮丽的银行大楼在历史价值上毫不逊色，历史建筑与现代建筑共同组成了上海城市复调音乐的华彩乐章。

乡土建筑是人与特定环境之间的有意义的关系，是一种体现认同感和归属感的关系。乡土建筑充满诗意地站立在大地上，与自然环境相互依存，与外部环境和谐相处，是人们在世界中的存在，这里人们的生活与大地不可分割，是人们适应环境创造的世界，同时也是塑造人们自身的生活空间。历史上的乡土建筑犹如人们年龄的增长，有一位哲学家说过："只有年龄增长了才能获得年轻。"饱经沧桑的乡土建筑正是如此在人们的乡愁中获得年轻。

由于上海及其郊区的城镇化发展，除村落外，大部分乡土建筑都位于人口较密集的聚居地，本书从地域文化的视角厘清脉络，将乡土建筑归纳为乡村建筑，参与编写的三个团队对市郊九个区的建筑进行了为期近两年的调查研究，普查各类建筑元素，拍摄了大量珍贵的照片，分析了四大文化圈的地域文化、建筑文脉，总结了乡土建筑的总体布局、空间肌理、平面形制、结构体系、屋面特征和细部构造，提炼出上海的建筑人类学研究成果。

上海市规划和自然资源局对于乡土建筑的重视，表明保护乡野景观风貌、保护并传承地域文化遗产、建设美丽乡村已经进入一个新的时期，具有里程碑的意义。《上海乡村传统建筑元素》的编写与出版代表了上海市规划和自然资源局与学术界的密切合作，为乡村振兴、保护乡镇历史文化风貌、全面展现海派文化作出了重要的贡献。

中国科学院院士　郑时龄

2019 年 11 月 12 日

　　由上海市规划和自然资源局组织本市专家学者撰写的《上海乡村传统建筑元素》一书即将出版。这本书在已有相类图书的基础上，又有新的观察视角与问题探究，其中不乏可圈可点之处，是具有创意和特色的建筑文化研究著作。

　　一般认为，"上海"一词最早见于北宋郏亶（1038-1103）所撰《吴门水利书》中提到的"上海浦"。这个地点位于历史上吴淞江（今苏州河）下游的出海口附近。明代的"黄浦夺淞"水利工程事件，使这条吴淞江反成了黄浦江的支流。从此，这片被古人称为"沪渎"的吴越文化交汇处，从初始的近海渔村水乡，渐渐演变成了后来的大上海。语言人类学从民系方言区的角度，称其为"吴语方言区 - 太湖片 - 苏沪嘉小片"。因而上海在江南的江左（江东）地区乡村聚落中，兼有苏南和浙北的历史文化底蕴和特色。不言而喻，上海乡村的传统聚落亦随之带有太湖流域水乡普遍存在的风土特征，其造屋和造景的匠作谱系亦属苏州"香山帮"的衍生支系。

　　譬如昔日上海乡间的庙宇、祠堂和望族宅院，普遍有着宽敞的横向庭院和厅堂，东路的花厅和花园；主厅堂的明间多为抬梁式结构，两侧间架及附属建筑多为立帖（穿斗式）结构，二层常配以转盘楼；外观黛瓦粉墙，观音兜山墙，间或使用马头墙；斗拱以枫拱和凤头昂为突出特征，室内喜用做工考究的砖木双面雕，以及包括落地罩、飞罩、挂落在内的室内木装修，匠艺精致而内敛。普通农家则以凹式三合院和绞圈式天井四合院为主，形成聚拢布局和肌理。这类建筑多为穿斗式结构，松江一带并多见四坡顶"落库屋"，屋脊曲率颇大。旧时这里的农家还多见茅草顶的庐舍，屋脊曲率亦大，20 世纪 80 年代冯纪忠先生领衔设计的松江方塔园"何陋轩"，便是以此为创作原型的。

　　以上这些乡村聚落及建筑特征，在《上海乡村传统建筑元素》中多有描述，并对其形和意有两分法的体味，对其形制、结构和技艺有形态学的剖析，特别是对其所处的（亚）文化圈有分类学意义上的区划。本书的最后一章对上海乡村传统建筑做了特质性的元素归纳和提取，意在为永续保存上海乡村的空间记忆建立标本档案，并为持续推进新农村建设提供在地的设计依据。

　　《上海乡村传统建筑元素》的出版使人再次想到，地域乡村聚落及建筑的深度研究，是一种有着学术和实践双重价值的时代作为。虽然上海的城镇化率已接近 90%，比全国平均指标高出 50% 以上，达到了国际水平的上限，但是上海的乡村聚落、建筑和景观还不尽如人意，甚至与长三角一些地区的乡村风貌相比还有不小的差距，尤其需要加大研究和实践的力度，本书出版的重要意义也正在于此。

　　总之，乡村振兴的最终目标，是走出农耕语境的乡土，留住历史记忆的乡愁，延续传统文化的风土，再造生态文明的田园。上海有优厚的条件率先实现这个目标，让我们一起为之而努力。

　　是为序。

同济大学建筑学教授、中国科学院院士　常青

2019 年 12 月 2 日

前言

实施乡村振兴战略，是党的十九大作出的重大决策部署，是新时代"三农"工作的总抓手，也是上海实现卓越的全球城市的必要工作内容。做好郊区乡村风貌的保护建设，是上海实施乡村振兴战略的顶层抓手之一，也是重拾上海本土的乡村传统文化、深度展现"上海文化"、推进打响"四大品牌"的重要举措。

在历经数十年快速城市化发展后的今天，上海乡村的肌理风貌和传统文化亟待抢救性保护和精细化重塑，同时，上海不仅需要注重乡土气息，在风貌塑造上留住乡村的"形"，也应该彰显个性特色，在文化传承上留住乡村的"魂"。在这样的背景下，上海通过开展"上海江南水乡建筑元素普查和提炼研究"等系列专项工作，对郊区长期以来形成的乡村建筑特色和文化开展广泛的调查研究，并研究提炼出上海特有的乡村建筑元素和符号，为下一步上海乡村风貌重塑的制度构建打下扎实基础。

本书通过对上述专项工作内容进行再梳理，分别从"上海乡村的特征概述"、"上海乡村的四个文化圈"和"上海乡村传统建筑元素提炼"三个主要章节，介绍上海郊区乡村的建筑元素普查和提炼研究成果。期待通过本书的出版，让同行和乡村建设参与者们能有所得益，让上海郊区乡村地区的江南水乡文化价值和红色文化基因得到深入挖掘，通过共同努力，最终建设立足上海乡村实际、具有时代特征和现代生活元素、传承江南文化内核、秉承江南山水格局、富有江南田园印象、彰显江南水乡民居特征、令人心生向往和乡愁所系的"匠心极致、品质至臻"的"江南田园"。

目录

第一章 绪论

上海是一座兼具历史积淀和现代活力的大城市,其中心城区面积仅为440余平方公里,郊区面积达5900平方公里,共有自然村落3.3万个。为实现"卓越全球城市和社会主义现代化国际大都市"建设,上海正在花大力气建设具国际一流水平的"美丽郊区"和"美丽乡村",并坚持"下决心研究、提炼、展现好上海农村的建筑和文化特色"。2018年初以来,上海市规划和自然资源局会同上海市文化和旅游局、上海市农业农村委员会、上海市住房和城乡建设管理委员会,组织上海大学、华东建筑设计院历史保护院、同济大学等三家专家工作团队,启动了针对本市9个涉农区的乡村建筑元素的"地毯式"普查和提炼工作。三个研究团队以传统建筑元素演变的时空脉络为线索,并结合其中所蕴含的社会、文化因素,对"上海传统建筑文化"做了全面的演绎和诠释。

江南水乡在几万年前本是海洋地区。随着时间的推移,长江和钱塘江带来的泥沙在出海口处不断沉积,使得长江三角洲不断地扩大,延伸形成了许多大小不一的内陆湖和平原陆地。其中的太湖古时称震泽,又名五湖,由上游茅山的荆溪水系、天目山的苕溪水系汇集而成,为江南水网中心。以太湖流域为中心的江南水乡,地势低平,海拔仅2—10米,平原占75%,丘陵山区占25%,且坡度平缓,非常宜居。

早在6000余年前,在古冈身的捍卫下,上海地区就开始有了人类活动的历史。与江苏南部、浙江北部的先民类似,这块濒海土地上的人类以渔猎、农耕为生,聚居于崧泽、福泉山、查山等古村落;距今5000余年前,上海古人的农耕水准已相当领先,实现了从锄耕到犁耕的转化;距今4000余年前,上海地区的良渚文化遗址显示,"方国"开始形成;距今3000余年前,上海地区的马桥文化遗址显示,一支浙南、闽北的古文化进入了上海地区,引起了地区文化特征的突变;2000余年前,夏朝大禹梳理了太湖流域的水文环境,致"三江既入,震泽底定"[1],太湖之水不再潴留,为这片土地的农业发展创造了条件。当

---

[1]《尚书·禹贡》记载:"三江既入,震泽底定",其中"震泽"即为太湖,"三江"即为娄江、松江、东江。

时,人们开始采用畬耕[2]的方法,以"火耕水耨"的方式实现了"饭稻羹鱼"。此后,吴越文化、楚文化先后主宰了上海地区。上海经历了越灭吴、楚又灭越的历史,并最终成为春申君的属地(故上海又有"申"的简称)。至秦代,上海的大部仍未露出水面(图1-1)。

从上海的成陆过程来看(图1-2),上海最早的东部边界是冈身。据考证,6000余年前冈身在古代上海沿海一带发育而成,它由西北——东南走向的贝壳砂堤构成,比附近地面高出几米,走向略似弓形,东西最宽处达10里,最窄处为4里,是上海古海岸线的所在,也是上海滩沉积成陆的标志。冈身纵贯了现在上海郊区的嘉定、青浦、松江、闵行、金山等五个区。

为了抵御海潮的侵袭,上海古代人民开始修筑"捍海塘"。"捍海塘"是古代上海人民为开拓生存空间、改造自然环境而建造的重大工程,其作用类似于冈身对陆地的保护。 相传上海地区最早的海塘筑于三国时期;唐开元元年(713),一条绵延200多公里的江南海塘(苏松海塘)得以修建,它位于冈身以东30公里处,在上海境内长达170多公里,并绵延至浙江境内。南宋《云间志》"堰闸"条内记载:"旧瀚海塘,西南抵海盐界,东北抵松江,长一百五十里。"有了捍海塘的护卫,塘内区域逐渐诞生了商贾云集、帆樯林立的青龙镇、华亭县。宋乾道八年(1172),一条"起嘉定之老鹳嘴以南,抵海宁之澉浦以西"(明曹印儒《海塘考》)的海塘被筑成,这使上海的陆地边界慢慢抵了浦东的合庆、祝桥、惠南、四团、奉城一线,后来这条海塘又在明陈化年间(1465—1487)被加固,人们称其为"内捍海塘"(又称老护塘、里护塘)。有了老护塘的呵护,松江、川沙、南汇、嘉定、宝山等古城镇开始繁荣,上海县也得以立足、发展。明万历十二年(1584),在老护塘东侧约3里处,一条与老护塘平行的"外捍海塘"被修筑。清雍正十年(1732),外捍海塘遭遇毁灭性破坏,次年,南汇知县钦琏又在原址重修了"钦公塘"。海堤的修筑,大大减少了海水倒灌引发的灾荒,使上海地区的农耕得到保障,上海逐渐成为谷仓满盈的鱼米之乡,经济实力日益壮大。

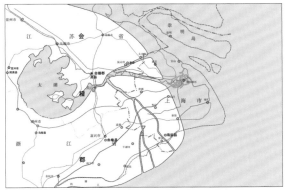

图1-1 秦代上海区域示意图

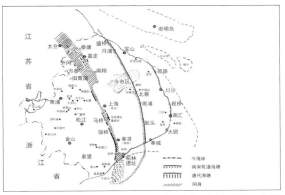

图1-2 上海成陆示意图

现代上海的黄浦江、苏州河,其前身分别为古代江南的东江、松江。在古代江南,联系太湖与东海的河流主要有"三江"——娄江、松江、东江。三江分别在西北、东、东南三个方向连通了太湖与东海,其中穿越现上海地区的有松江(吴淞江)、东江,其中东江中游的淀泖湖群又被称为"三泖",它们自北向南被称为圆泖、大泖、长泖[3](图1-3)。

三江之中,初时吴淞江最为宽阔。据记载早先的吴淞江"深广可敌千浦",入海口宽达20多里,沿江支流多达260余条,其中较为著名的有流经松江府青浦县境内的大盈浦、顾会浦、崧子浦和上海县境内的上海浦、下海浦等十八大浦(图1-4)。南北朝时,吴淞江航道的便利使往来海上的商船多由此进出,迅速发展的航运贸易直接促进

---

[2]畬耕:焚烧干草为肥,并筑田埂引水入田的耕作方式。
[3]此"三泖"也被称为上泖、中泖、下泖。

了后来的青龙港、青龙镇的诞生。

三江中的东江，原来从太湖向南流向杭州湾，最初也很宽阔，其狭窄之处都有八十丈[4]。因唐代捍海塘的修筑，许多出海支流被阻断，渐渐促成了东江改道东流。北宋、南宋年间乍浦堰、柘湖十八堰、运港大堰的修筑，切断了东江下游的几乎所有出口，来自太湖、淀山湖、浙西的水只能由"三泖"经横潦泾（位于黄浦江上游）向东流向闸港，并折向北，与原来的上海浦合并汇入吴淞江，成为吴淞江的一条支流，这条河流也是后来黄浦江水道的雏形。

吴淞江、东江的水系演变主要发生在元代以后。随着海岸线的扩展，吴淞江的河道也不断延长，河床越来越平，流速越来越小，冲淤能力越来越弱。因淤积变窄，水患不断，吴淞江河口段的宽度逐渐减至5里、3里、1里。此时的青龙镇虽然市镇仍在，却已无港口功能了。多次疏浚吴淞江无效之后，明代放弃原吴淞江下游水道，"浚范家浜引浦入海"，使黄浦江成为太湖入海的主要河道，吴淞江逐渐成为黄浦江的支流，成功地解决了水患，史称"江浦合流"、"黄浦夺淞"（图1-5），连通了海船直接进入上海县城的水路。

秦、西汉时期，现上海所在地区是会稽郡的一部，含会稽郡长水县[5]（由拳县）东境、娄县东南境、海盐县东北境。东汉永建四年（129），吴郡从会稽郡中分出，其属地为原会稽郡中钱塘江以西部分（显然包括今上海地区）；东汉建安二十四年（219），三国东吴名将陆逊因战功而受封华亭侯，封地即今松江，历史上首次出现了"华亭"这一地名。魏晋南北朝时期，除了农业生产技术不断进步外，上海多数人仍以捕鱼为主业，其常用的捕鱼工具"扈"[6]遍布于"渎"，因此吴淞江下游也被称为"扈渎"，后简称为"沪"。

与经济、文化较为发达的黄河流域相比，当时的江南还是"筚路蓝缕，以启山林"[7]的初创状态；司马迁的《史记》也曾载"楚越之地，地广人稀，饭稻羹鱼，火耕而水耨……无积聚而多贫"[8]。作为江南的一部分，古代上海地区与江南的发展是同步的。当时的上海地处偏僻的濒海之

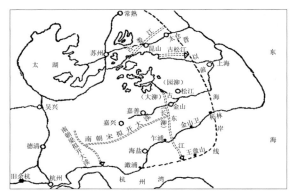

图1-3　三江、"三泖"示意图

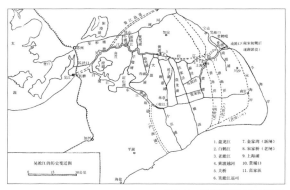

图1-4　吴淞江的历史变迁

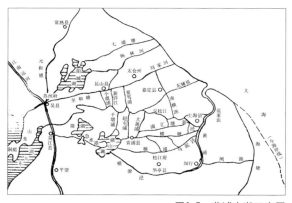

图1-5　黄浦夺淞示意图

地，是文人隐士闭关用功或避居退隐的理想之地。据记载，陆逊的后代陆机、陆云在东吴亡国后，为躲避北方士族的钳制，便隐居华亭闭关修身；南北朝时期，顾野王[9]从朝

[4] 北宋朱长文《吴郡图经续记》曾记载："泖在华亭境，泖有上、中、下之名，泖之狭者犹且八十丈。"

[5] "长水县"于秦始皇三十七年（前210）更名为"由拳县"（宋《太平寰宇记·嘉兴县》载："秦始皇东游至长水，闻土人谣曰：水市出天子，从此过，见人乘舟交易，应其谣，改曰由拳。"）。

[6] 南朝顾野王《舆地志》载："插竹列海中，以绳编之，向岸张两翼，潮上而没，潮落而出，鱼蟹随潮碍竹不得去，名之曰扈。"

[7] 出自《左传》，记述的是古楚先民的创业历程。

[8] 出自《史记·货殖列传》。

[9] 顾野王（519—581）字希冯，吴郡吴县人，晚年隐居于华亭的"读书堆"，修成《舆地志》。

政中隐退后，于金山亭林附近筑"读书堆"[10]而居，潜心修学，修成30卷《舆地志》。

至唐以前，现今上海所属的区域内仍处于人烟稀少、边缘蛮荒之态。上海地区的市镇，萌发于唐，兴起于宋元，至明清渐趋繁盛。唐中叶，一条西起海盐、东抵吴淞江南岸的捍海塘修建完成，上海地区的生存环境有了可靠的保障。因航运便利，坐落于吴淞江出海口的青龙港开始成形。吴淞江东联出海口，西溯江南重镇，使处于"吴之裔壤，负海枕江"位置的青龙镇渐成"水环桥拱，自成一都会"。唐天宝十年（751），华亭县治设立，其县城（即后来的松江府城）也随即成为上海地区的商业中心，迅速发展成"生齿繁阜，里闬日辟"之态。当时的华亭，因成熟的圩田技术，粮食亩产已可达五六百斤，是苏州地区最重要的粮食高产区。同时，因永嘉之乱、安史之乱、靖康之难而来的北方南渡士族和大量人口，也极大地推动了江南地区经济、文化的发展。唐宋以后，中国的经济天平已逐渐向江南倾斜，由江南地区北运的漕粮经常占京师总漕粮的80%以上，"苏湖熟，天下足"[11]成为当时的常态。温润的气候，给江南地区带来了丰沛的粮棉产量，也孕育了桑蚕养殖和丝绸制作产业。手工业、商贸的发达也催生了江南集镇的增多和发展，它们与上海境内的青龙镇、华亭县等也有着交往。

北宋时期吴淞江下游泥沙淤积，海岸线东扩，商贾航运从距海口越来越远的青龙港逐渐迁移至"上海浦"一带，当时的上海全境覆盖了两浙路下辖的苏州、秀州两州东部区域外加淮南东路下辖的通州南部（三沙、西沙、东沙三岛）。宋中叶，华亭县及青龙镇的人口和商贸同步增长，其中华亭县的人口户数已从建县初的1万余户增至10万余户。至南宋时期，上海务[12]、上海市舶提举分司[13]相继得以设立，上海浦设立市镇，隶属华亭县。上海全境包括了嘉兴府下辖的华亭县、平江府下辖的嘉定县、通州下辖的海门县南部。宋后期，因吴淞江下游泥沙淤积严重，青龙港距出海口愈来愈远，海上商贸和航运业开始逐渐向吴淞江的支流"上海浦"一带集聚。因人口和经济实力的快速增长，这个原先的渔村先

是成为上海务[14]，后又获准设立上海市舶提举分司[15]，并很快升格成为一个市镇。南宋咸淳三年（1267），上海浦正式设立镇制，属于华亭县。凭借着得天独厚的地理位置，上海镇迅速崛起为与华亭县城、青龙镇、大盈镇等齐名的江南重镇。

元至元十四年（1277），华亭县升格为华亭府，上海镇设市舶司。次年华亭府又改名为松江府。元元贞二年（1296），嘉定县升格为嘉定州。元代上海地区是"江浙行省"下辖的松江府、嘉定州与"河南江北行省"下辖的扬州路崇明县的叠加。由于贸易量巨大，当时的上海镇是华亭东北的巨镇。上海市舶司的设立也让上海成了与广州、泉州、温州、杭州、庆元、澉浦等并列的七大市舶司所在城市。元至元二十九年（1292），上海县成立。

明代上海是松江府与苏州府下辖两县（嘉定[16]、崇明）之和。明早期，随着吴淞江的河道愈来愈狭窄，太湖下泻之水开始转移至黄浦。经过数次疏通，黄浦渐变宽，实现了"黄浦夺淞"，黄浦江取代了吴淞江，成为上海的第一大河。由于航运商贸和棉纺织行业的发展，明代上海县的经济发展很快，俨然已成"东南名邑"。明朝末年，由于耕地、户丁急剧增加，松江府下辖的上海县分出了崇明县、青浦县。

清雍正八年（1730），原属苏松太道的太仓被分离出去，与通州合并成立太通道，新成立的苏松道就把道台衙门从太仓移至松江府的上海县城。由于道台衙门的迁入，上海港的贸易量日益增大。后来，苏松太道的驻地上海县又被俗称为上海道或沪道，因其还同时兼理江海关，所以又被称为江海关道。清乾隆六年（1741）太仓又回归苏松道。清嘉庆年间，上海县已是"闽、广、辽、沈之货，鳞萃羽集，远及西洋、暹罗之舟，岁亦间至，地大物博，号称繁剧，诚江海之通津、东南之都会也"[17]。当时，上海全境包含松江府下辖的七县一厅（上海县、华亭县、青浦县、娄县、奉贤县、南汇县、金山县及川沙厅）与太仓直隶州下辖三县（嘉定、宝山、崇明）之和[18]。1843年上海开埠，并在随后的近百年时间里逐渐发展为中国最大的港口和通商口岸，成为近代中国现代化程度最高

---

[10] 由顾野王创建的"读书堆"遗址位于今金山区亭林镇寺平南路西大通路北，建于南朝梁天正元年至陈太建十三年(551—581)间。因其园中有一座大假山，形状如墩，故被人们称为读书墩，后因当地人"墩"、"堆"谐音，逐渐被人通称为"读书堆"。

[11] 出自《宋诗纪事》："谣谚杂语……'苏湖熟，天下足。'"

[12] 北宋熙宁十年（1077），在秀州十七处酒务中，有"上海务"。

[13] 南宋咸淳年间（1265—1274），上海市舶提举分司设立。

[14] "务"是由政府设立的，专管征收酒、盐、醋、河泊等诸税的机构，当时的上海务与青龙、泖口、嵩子、蟠龙、赵屯、大盈、白牛(枫泾)、浦东、柘湖、袁部、下沙、练祁(嘉定)、江湾、顾泾、黄姚、钱门塘等共同成为秀州十七务。

的城市。近代的上海，除了租界区域，城区范围内的华人居住区和广大的郊区仍以江南传统聚落形态为主。

上海建筑文化的底色源于江南传统建筑。在高度现代化的当下上海，仍保持江南传统建筑和聚落特征的区域已越来越少。随着城市现代化进程的延伸，在毗邻大城市的郊区乡村，乡村文化的湮灭、乡村环境的破坏尤其严重。作为特大型城市的郊区，上海郊区的现状不容乐观，因此对江南水乡传统建筑的抢救性研究刻不容缓。在实施乡村振兴战略的当下，对仅存的具江南传统建筑特征的乡村建筑及其环境做系统梳理和深度挖掘，非常急迫。作为上海建筑文化的底色，它们是上海地域文化的组成部分，是重要的文化遗产。

把乡村建筑及其环境当作文化遗产，在国内外已广泛被学界所接受。1964年通过的《威尼斯宪章》就指出，文物古迹"不仅包括单个建筑物，而且包括能够从中找出一种独特的文明、一种有意义的发展或一个历史事件见证的城市或乡村环境"。1976年联合国教科文组织通过的《内罗毕建议》(《关于历史地区的保护及当代作用的建议》)更是对历史城镇（村镇）的保护进行了界定并提出了建议，指出"使具有历史意义的农村社区保持其在自然环境中的完整性"。1999年国际古迹遗址理事会（ICOMOS）还公布了《关于乡土建筑遗产的宪章》。2005年12月，《国务院关于加强文化遗产保护的通知》中指出："把保护优秀的乡土建筑等文化遗产作为村镇化发展战略的重要内容。"2005年8月，"中国乡土建筑文化暨苏州太湖古村落保护研讨会"上，40余位专家学者共同提出了《苏州宣言》。2007年4月，国家文物局召开的"中国文化遗产保护无锡论坛——乡土建筑保护会议"上，全体代表签署了"关于保护乡土建筑的倡议"（无锡宣言）。

对于乡村传统建筑的保护，首先应从地域文化的视角梳理其脉络，厘清其元素特征，这是传承建筑文化、延续江南乡村韵味的根本工作。为了准确把握元素提炼的方向，我们拓展了对江南文化的研究，并梳理了古代上海地区不同地理环境、行政区划下地域文化圈的特征。

---

[15]南宋咸淳年间（1265—1274），上海市舶提举分司设立。

[16]明洪武二年（1369），嘉定州复改为县，仍属苏州府。

[17]（清）张春华《沪城岁时衢歌》。

[18]在清雍正年间，该区域是苏松道的东部及太通道的南部；在清嘉庆年间，该区域是苏松太道的东部。

第二章　上海乡村的特征概述

江南，是个含义丰富的词语，它既是历史上某些行政区划的名称，又是地理区划上的概念，还具文化的含义。在古代文献中，"江南"通常指长江以南，是一个与中原、边疆等词并立的概念。如《史记·秦本纪》记载："秦昭襄王三十年，蜀守若伐楚，取巫郡及江南为黔中郡。"文中的江南指长江以南的湖南、湖北一带。显然先秦时期的江南与我们现在认为的江南并不相同。历史上最早以江南为行政区划名称的始于王莽朝代，当时朝廷"改夷道县为江南县"（当时的夷道县实指今日湖北宜都地区）。唐贞观元年（627），唐太宗将天下分设10道，其中就有江南道。江南道的范围包括长江中下游的江西、湖南及长江以南地区的湖北地区。唐开元二十一年（733），江南道被分为江南东道、江南西道和黔中道。其中的江南东道主要包括江苏南部、浙江，江南西道主要包含今江西、湖南大部及湖北、安徽南部地区（除

徽州）。宋代将道改为路。宋代江南路主要指江西的赣江流域，其中江南东路包括宣州、池州、太平州、徽州、饶州（上饶）、信州（鹰潭）、抚州、洪州（南昌），江南西路包括袁州（宜春）、吉州（吉安）、江州（九江）、虔州（赣州），而同时期的苏杭则属于两浙路。明清时期有江南省，其地域范围包括今日的江苏省和安徽省。

作为一个地域概念，江南一直是个不断变化的范围。狭义的江南（小江南）一般指长江以南环太湖流域的区域，以苏、松为中心，有四府说、五府说、六府说、七府说、八府说、十府说等，其中李伯重所说的明"八府一州"（含苏、松、常、镇、宁、杭、嘉、湖八府及太仓州）或另包含宁波、绍兴的"江南十府"较为主流；广义的江南（大江南）还包括在自然环境、生活方式上联系十分密切的扬州、徽州、浙南（金华、丽水、台州、衢州、温州等地）及赣东北（上饶、婺源、

景德镇等地）。

江南大部地区是水网密集地段。在上述的小江南地区，其地域范围内有一湖（太湖）、两江（长江、钱塘江），其中的太湖更有"包孕吴越"的美誉。隋唐以后，大运河的开通增强了江南各城镇间的联系，也方便了江南地区接受北方先进文化的辐射。绵密的水网、充沛的水资源塑造了江南温润的气候，保证了水稻的种植，也给人们带来了水路交通的便利。包括古代上海地区在内，环太湖流域苏松常镇嘉湖六府，皆以棉纺、丝绸、米粮为主，经济得到了很大的发展。温润的气候、富足的经济涵养了细腻、儒雅、开放的江南文化。江南民众讲求耕读传家、诗礼传家，这样的环境催生了程朱理学，孕育了无数文人骚客，也造就了与水乡环境和谐相处的江南乡村。

第一节 江南文化在上海

回顾历史，在距今7000—4000年前的新石器时代后期，中华大地上主要存在着三大文明——以粟作农业为主的中原地区文明、以渔猎为主的东北地区文明和以稻作农业为主的长江下游文明，显然，江南所在的太湖区域是长江下游文明的重要组成部分。在长江下游环太湖地区的江南，距今7000—6500年间有了古河姆渡族群生活的痕迹，6500年前，从黄河流域南下的族群创造了著名的马家浜文化，距今6000—5300年间，马家浜文化又被崧泽文化所取代，距今5300—4200年间，由淮河流域迁来的族群形成了良渚文化，距今4000—3200年间，融合了马家浜文化、崧泽文化和一部分良渚文化的马桥文化开始成形。近3000年来，中国文化先后形成了三次重要的高地：其一为百家争鸣的先秦文化，以春秋战国时期诸子百家相互争鸣，孔子、老子、墨子三大哲人交相辉映为代表；其二为汉唐以来的中原文化，以董仲舒"独尊儒术"学说和尊从统一皇权意识为

代表；其三即为宋以后的江南文化，以程朱理学和王阳明的经世致用学说为代表。

江南文化的兴起不是偶然的。虽然在春秋时期，诸子百家的代表人物多集中在齐、鲁、魏、楚，江南的吴越之地尚处蛮荒，民众多好勇尚武，但当时的吴王阖闾已能将"厚爱其民"作为其执政之道，倡导尚德务实的风尚。永嘉之乱后，随晋室南渡的北方民族不仅带来了较先进的农业生产技术，更带来了文化的碰撞。北方的士族改变了吴越文化的审美取向，江南文化开始有了"士族精神、书生气质"，杂糅了中原文化与吴越文化的江南文化渐趋儒雅、精致[1]。唐宋以后，江南的明州港（宁波）、青龙港接纳了日本遣唐使的进出，也为江南文化带来了繁荣。靖康二年（1127）金兵南下，包容的江南接纳了大量随宋室南渡的中原居民，江南渐成人文荟萃之地。以朱熹理学为内含的"徽学"和以王阳明、刘宗周、黄宗羲等为代表的"浙学"逐渐成形。明清以后，徽学和浙学提倡的"格物致知"、"知行合一"及"兼容并蓄"盛行江南，其"道并行而不悖"的观念也极大地推动了江南文化的包容性。

一、江南文化的外延和内涵
（一）江南文化的外延
1.空间外延

从地理空间的范围来看，狭义的"小江南"涵盖江、浙、沪地区，广义的"大江南"还包括皖南、赣东北的大部区域，前者大多为平原水网地带，后者还包括一些山地、丘陵地区。与江南核心地区不同，地处江南边缘的徽州山地多、耕地少，民众无法完全"寄命于农"，只能外出经商谋生。徽商以江南平原地带为主要市场，依托大运河沟通南北，借长江串联东西并辐射海外，促成了江南地区"无徽不成镇"的格局。在"大江南"的土地上，孕育了以汉会稽文化、吴越国文化、六朝隋唐浙江文化为源头的浙学，也萌发了以宋代大儒朱熹所创朱子理学为依托的徽学。以朱熹理学为内涵的"徽学"以"格物致知"、"知行合一"为思想范畴，主张"理"依"气"而生物，强调重农抑商、重义轻利、崇俭恶奢等

---

[1]王海松,宾慧中.上海古建筑[M].北京:中国建筑工业出版社,2015:12.

观念。朱子学说的传播，滋润了江南社会的文化土壤，也因大量江南书院的勃兴而得以传播，并催生了王阳明的经世致用之说；浙学兴起于两宋，转型于明代，发扬光大于清代，其主要代表为东汉会稽王充的"实事疾妄"之学和两宋的金华之学、永嘉之学、永康之学、四明之学及明王阳明的心学、明刘蕺山的慎独之学、清黄宗羲的浙东之学。浙学注重经世致用、兼容并蓄，奉行"道并行而不悖"。

2.表征外延

江南文化的表征形式可以有很多，主要包括书画、诗词戏曲和园林建筑。早在东晋时期，江南之地就滋生了书圣王羲之、画圣顾恺之，其文化影响力不可小觑。唐以后，开放、包容的江南接纳了大量南渡的中原居民，"衣冠人物，萃于东南"[2]，江南成为人文荟萃之地，逐渐诞生了许多具开宗立派意义的书画名家：米芾父子独创平淡天真的江南云山，绘过《沪南峦翠图》，吟过《吴江舟中诗》，书录过《隆平寺经藏记》；倪瓒、黄公望、王蒙、吴镇等"元四家"，开拓了文人山水画的新高度；元大书法家赵孟頫在松江留下了《千字文》前后《赤壁赋》等书法巨作，开创了区别于唐宋画体的元代新画风；明代以文征明为代表的吴门画派独领风骚；清代的石涛、八大山人锐意于笔墨创新。在江南的太湖流域，以董其昌为代表的云间画派、以王原祁为代表的娄东画派及以王石谷为代表的虞山画派交相辉映。文人墨客聚集，自然催生了文人建筑的兴起。在建筑中，最体现文人风雅气质的则是园林——在园林建筑里，造园家通过叠山理水、栽植花木、配置建筑并采用匾额、楹联、书画、雕刻、碑石等来反映哲理观念、文化意识和审美情趣，从而形成充满诗情画意的文人写意山水园林。

（二）江南文化的内涵

1.江南文化讲求"尚德务实"

自宋以后，江南地区就因人口大量迁入而渐成"人稠地隘"之态。耕地的不足，迫使江南人民养成了精耕细作、勤勉持家的生活传统，也迫使许多江南人转而从事手

工业、商贸服务。因气候适宜、民众勤劳，江南地区经济较为发达。温饱解决以后的江南人民普遍较重视文化教育，许多江南村镇"书声与机杼声夜分相续"。尊儒重教的风气赋予了江南人民贵和谦让的品格，也接受了经世致用的理念。正如熊月之先生所说，"中国传统文化中自管子、墨子、商鞅、荀子，直到南宋陈亮、叶适等人所主张的重视民生日用、重视实用实效的实学精神"在江南地区得到了弘扬。

区别于中原文化提倡的"仁义礼智信"，江南儒学推崇"信义仁智礼"，强调"信"的重要性，也成就了一大批徽商、浙商的成功。因为，在交通并不发达的农耕社会，能够获得商业上的成功，离不开这个"信"字。

经济发达、秀气的江南山水孕育了性格平和的江南人，也赋予了江南人讲究精细的做事品格。繁盛的商贸服务业，使江南大部地区比较富庶、丰饶，也造就了江南民众精进务实、注重实效、不浮夸、节俭、理性的文化。

2.江南文化推崇"开放包容"

江南文化是兼收并蓄的。因历史上的三次北方士族"衣冠南渡"，江南接纳了来自北方的中原文化。"移民文化"与"本土文化"的交融，给江南带来了活力，也促进了江南的繁荣。

因水网密布，外联江海，江南自古就有先进的造船技术，这大大开拓了江南人与中国各地及海外的联系。唐大中年间，江南的青龙港、明州港（今宁波）就有了日本、新罗（今朝鲜）的海船进出。北宋嘉祐七年（1062）《隆平寺灵鉴宝塔铭》记载，到达青龙镇的船只"自杭、苏、湖、常等州月月而至；福建、漳、泉、明、越、温、台等州岁二三至，广南、日本、新罗岁或一至……"本土文化的融合与放眼世界的机会，使江南文化具有了开放包容、敢为人先的基因。

到了近代，开埠以后的上海经济高度繁荣，渐成四海交汇、五方杂处的新兴都会，其对各地文化的开放、吸引也有目共睹。许多艺术大家和江南文人，如来自常州的刘海粟、来自宜兴的徐悲鸿、来自苏州的吴湖帆、来自广东的林风眠等集聚生活，使上海成了中国"新兴

---

[2]（宋）朱熹.晦庵先生朱文公文集(卷83《跋吕仁甫诸公帖》) [M].上海:上海书店出版社，1989.

艺术策源地"。

3.江南文化体现"灵秀诗性"

江南地区的"崇文重教"、重视"乡邦文献"蔚然成风。康熙曾以"江南财赋地，江左文人薮"赞誉江南的富庶和文人辈出。明初的苏州也曾以"财赋甲天下，词华并两京"闻名江南。在人们的温饱已经得以解决的基础上，"耕读传家"赋予了江南人民崇文好学、追求风雅的传统。儒家的"教化"、"诗礼传家"蔚然成风。

江南养育了许多如白居易、李煜、柳永等成就极高的诗词大家。曾任苏、杭父母官的白居易以"江南好，风景旧曾谙，日出江花红胜火，春来江水绿如蓝……"描绘江南的斑斓色彩；曾自封为"江南国主"的南唐后主李煜精通音律，亡国后仍对江南山水念念不忘，所赋《望江南·闲梦远》借春秋两季的江南景色抒发情怀，词境深远；北宋词人柳永在《望海潮·东南形胜》中写出了江南的繁华富足："东南形胜，三吴都会，钱塘自古繁华，烟柳画桥，风帘翠幕，参差十万人家……天堑无涯。市列珠玑，户盈罗绮，竞豪奢。"从古人的绘画和诗词中，我们可以感受到江南民众已经具备了超越实用理性的审美自由，其文化底蕴带来的闲适清秀、怡然自得具灵秀之气。

二、江南文化影响下的上海地域建筑文化

宋元以来，古代上海地区的快速发展，其实是江南地区经济、文化大发展的一个缩影。因"襟江带海"的地理之便，上海又比江南其他地区更多了航运商贸的优势。古代上海地区可方便通达苏州、嘉兴、湖州等江南发达城市，接受江南文化的辐射；借助于江海航运，上海既能与长江沿岸的内陆城市建立联系，还能与北洋、南洋及海外诸国展开贸易，可接受来自国内各地和海外的先进技术和观念。因吴淞江而内溯太湖流域，借长江、东海而连通江海四方，是古代上海一个独特的地理优势，也是其地域文化脉络得以形成的基础。

"内溯太湖、外联江海"的态势与上海地区不断随海岸线外移而延伸发展的时空方向是暗合的，也契合了上海地区人口、经济、行政建置逐渐向东扩散、聚集的现象。"内溯太湖、外联江海"的格局造就了上海地区独特的地域文化。这个文化以江南文化为底色，融于江南文化圈，又兼容并蓄，开放杂糅，博采众长。

（一）内溯太湖流域

在古代上海，作为江南"八府一州"之一的松江，催生了大家云集的云间画派、云间书派。董其昌、赵左、陈继儒、沈士充等引领的云间画派，不重形似而重意境的画风；由沈度、沈粲、陈璧、钱溥、钱博、张弼、张骏等明初书家及董其昌、莫如忠、莫是龙、陈继儒等明末大家组成的云间书派，具法度精密、雍容婉丽的气度，势头直逼吴门书派。

在诗词戏曲方面，文人骚客歌咏江南篇章不胜枚举。仅以唐以后的上海为例，因航运商贸兴起，文化空前繁荣：白居易、陆游、王安石、范仲淹、司马光、苏东坡等大家先后都在青龙港留下了诗篇，元代著名诗人王逢在避居松江乌泥泾期间，著《梧溪集》七卷，还创作了最早咏歌黄道婆的《黄道婆祠》；元末诗坛的领袖人物杨维桢在松江设馆授徒，对松江文化产生了深远的影响，其所编的《云间竹枝词》则开创了以竹枝词的形式描绘上海风俗、景物的先河，并催生了数量众多的流传于民间的竹枝词，当时，元末四大家中的黄公望、倪瓒、王蒙常被松江画坛所吸引，来松江聚会、交流。

明代江南许多造园名家，既是叠石掇山的能手，又是书画高手，著名的有文征明、张南阳、陆叠山、计成、朱邻征、文震亨等，其中的文征明为吴门画派的领军人物，他主持设计了苏州拙政园，张南阳、朱邻征则与上海有缘，分别参与修筑了豫园、古猗园。上海古代文人雅士多追求"以画入园，观园如画"的造园手法，大兴私家园林——董其昌、施绍莘等人就在佘山修筑了东山草堂、半间精舍、白石山房等。上海现存的古代园林中，秋霞圃、古猗园、豫园、汇龙潭、醉白池被称为五大名园，这些古代园林或喜与古代文人雅士结缘，或有造园名家参与，大多呈素雅大方之态，文人气息浓郁，且不繁复、不做作，雅致精

巧。不约而同的是，几大园林中都有四面通透的"四面厅"、得名于唐代诗人白居易的"池上草堂"、临湖而筑的旱舫、渺然水上的九曲桥等，其与环境的融洽、与文人诗画的契合，令人莞尔。

（二）外联江海四方

唐代，直抵吴淞江南岸的海塘，保障了上海地区的生存环境，也使占据吴淞江出海口位置的青龙港飞速发展。当时的吴淞江可上溯至当时江南最大的城市苏州，是海船进出苏州及太湖流域的必经航道。唐青龙镇的兴起，使上海开始了从小到大、从荒蛮至兴盛的腾飞。青龙镇的经济发展带动了附近的华亭县及后来的华亭府（松江府）。因为远离政治中心，商人云集，且有相当的工商业文明与城市市民文化，上海传统建筑的形式较少受约束，对多元文化具有开放、包容的态度。作为重要的海上门户，上海地区的青龙镇很早就吸引了入唐求法的日本僧人出入，也接纳了日本遣唐使的数度进出，初步形成了"海纳百川"的格局，成为"海上丝绸之路"中的重要港口。

因海岸线外扩、吴淞江出海口东移、"江浦合流"等地理变迁的原因，上海的经济重心不断东移，使得黄浦江畔的上海镇、上海县开始崛起。南宋建炎元年（1127），宋室南渡，上海地区人口大增，经济发展。至宋景定、咸淳年间，地处"海之上洋"、"滨上海浦"的上海镇，稻棉种植、鱼盐蚕丝、棉纺织业发达，商业繁盛，并坐拥船舶辐辏、番商云集的上海港。因青龙港河道淤塞，原青龙市舶司分司移至上海镇。当时，因漕粮海运的激增，上海镇的地位甚至取代了同处长江三角洲的江阴。至元二十八年（1291），港口城镇上海镇升格为上海县。明代因海禁，上海乃至东南沿海各航运城镇全面衰落。明末清初，上海的航运业只能以北洋航线为主。清乾隆年间解除海禁以后，航海贸易的兴隆使上海成为"交通四洋"的枢纽，上海县与各地的联系愈加频繁。1842年，中英《南京条约》签订，上海列为五个通商海岸之一。航海商贸的兴盛，带来了各地的多元文化，孕育了独特的上海传统文化，也造就了其有别于一般江南传统建筑的类型和技艺。

第二节 上海水乡村镇的形和意

作为江南的一部分，古代上海地区是一个水网密布的区域（图2-2-1）。发达的水系，给农业提供了灌溉之水，也易舟楫出行，因此上海地区的水乡村镇多沿河而起，枕河展开；与江南的其他区域类似，上海的水乡民居空间也多以院落组合、街巷串联，其营造材料也以砖、瓦、木为主。唯因人稠地隘致用地紧张、资源有限，上海地区的传统民居讲究用地紧凑、用料节约，其外形简洁、尺度小巧。因"内溯太湖、外联江海"的地理优势，古代上海地区就占得商贸、航运发达之利。区域内集镇密度较高，外来商户、手工业者集聚，各地文化、各地风俗的交汇、融合，造就了上海五方杂处的地域文化，也催生了自由混合、杂糅共生的上海乡土建筑。

上海水乡村镇有着江南水乡的底色，又有着因地制宜的"形"和"意"。体味其独特之处，对于我们完整把握上海乡村传统建筑的技艺和审美，厘清其选址特征、空间形态、轮廓塑造、材料使用，揭示其背后蕴含的文化特征、营造意匠，有着直接的意义。

一、上海水乡村镇的"形"

江南水乡是灵秀、自然的。在水乡环境中，水系、农田、林地、聚落是一个有机整体。水系滋养了农田，也串联了村落、集镇；村镇依附于水系，又背靠农田，倚托林地；林地藏风聚气，给村庄提供了屏障，为聚落稳固了水土。在这样的大环境中，水系村镇及其传统建筑是和谐、优美的，其"形"是入画的。

通过对上海郊区水乡村镇的"形"的剖析，我们发现理想的形态来源于四个要素的兼顾，即形之骨、形之元、形之表、形之廓。骨为乡村的骨架，是乡村衍生、发展的脉络；元为乡村的建筑单元，是构成民居聚落的细胞，是乡村建筑群的基本原型；表为乡村建筑的表皮，是构成江南乡村色彩关系的决定因素，其表现取决于建筑的用材；廓为乡村的轮廓线（天际线）与边界形态，其态势既与乡村建筑的屋顶形式、组合方式有关，也与乡村的边界现状有关，即乡村建筑群与田野、河流、树林间的交接线。

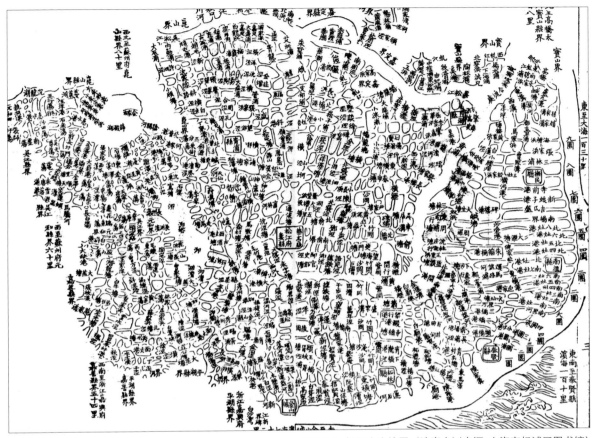

图2-2-1　松江府全境图（清嘉庆）(来源:上海市杨浦区图书馆)

(一) 形之骨——以水为骨，依水就势

上海地区的传统水乡村镇，最初大多沿河而起，且多积聚于几条河流的交汇处，其发展延伸也多依托水系的走向，"以水为骨"，依水就势。如古代的南翔，以横沥、上槎浦、走马塘、封家浜等四条河道形成"卝"字形水系骨架，集聚发展（图2-2-2）；清代的安亭镇，以南北向的漕塘河为主轴，并通过与之贯穿的泗泾、六泾、沈浜等向东西延伸（图2-2-3），集镇骨架似"百脚蜈蚣"。

一般村落，如规模较小，就沿单条河流发展，呈带状布局，街道与建筑随弯就曲，顺应河道的主要走向，如青浦金泽的蔡浜村（图2-2-4）；在河道交叉处延伸发展的村落，一般交通较方便，其规模稍大，常沿交叉河流呈四方伸展态势，如青浦金泽的钱盛村（图2-2-5）；在河道成网状的区域，一般村落规模较大，呈团状布局，如青浦练塘的叶港村（图2-2-6）、青浦商榻的双祥村（图2-2-7）。

对于大型集镇来说，水系还往往是棉纺、丝绸、米粮贸易的黄金水道。各水乡集镇依托水系网络因水成市。如金山的枫泾（图2-2-8）、青浦的朱家角（图2-2-9）、奉贤的庄行（图2-2-10）等镇，它们或街道临水，形成"水街"(如枫泾)，或以"陆街"为商铺聚集的公共空间，建筑一面临街，一面临水，且有各自的河埠头或小码头(如朱家角、庄行)。

在传统的水乡村镇中，为了保证"水街"、"陆街"的畅通，水系村镇内会有很多桥梁，它们既不阻断水路交通，又贯通了陆路交通。在光绪年间的《青浦县志》

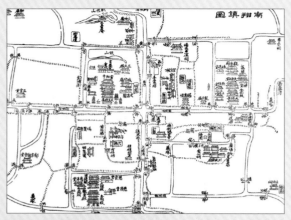

图2-2-2 南翔古镇的"卐"字形格局（来源：《上海名镇志》）

图2-2-5 青浦钱盛村总图

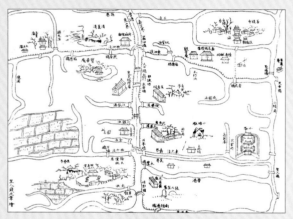

图2-2-3 清嘉庆安亭镇图（来源：《上海名镇志》）

图2-2-6 青浦叶港村

图2-2-4 青浦蔡浜村总图

图2-2-7 青浦双祥村

图2-2-8 金山枫泾镇

图2-2-9 青浦朱家角镇

图2-2-10 奉贤庄行南桥塘

和《青浦县续志》中，记载的桥梁就多达565座，其中仅金泽0.4平方公里的范围内竟拥有桥梁42座（现存21座）（图2-2-11），为上海地区桥梁密度之冠。青浦的朱家角在东西井亭港、南北市河、珊瑚港、祥凝浜、雪葭浜、圣堂浜、漕港等纵横交错的河道上，就有如放生桥（图2-2-12）、泰安桥、平安桥、福星桥、永丰桥、惠民桥等36座古桥梁横跨其上，将古镇连成一个隔而不断的有机整体。

沿河发展的模式，直至现代仍被上海地区的许多乡村所沿用。如嘉定外冈镇周泾村、华亭镇北新村，在新中国成立后的发展态势仍呈顺河延伸（图2-2-13）。

（二）形之元——以院为元 宅由院生

江南传统民居可以离群索居，也可以集聚蜿蜒生长，但不论其如何存在，大都离不开院落。院就像民居的细胞单元，与其周边的建筑相依相生（图2-2-14）。

院落一方面作为礼仪空间，另一方面也作为生产生活空间，是上海传统民居中空间构成的核心，其可大可小、可高可低、可开可合，既可按轴线展开，也可随地形而灵活摆布。在江南地区，院落也被称作"天井"或"庭心"，较大的院子里面可设花园，小天井则可解决周边建筑的采光通风问题。有些民居建有窄而高的小院子，其周围三面或四面建有两层房屋，既节约了用地，又有助于遮阳、拔风，缓解夏季的潮湿、闷热。由院落组织建筑，形成前置单院落、后置单院落、内部围合院落、多个相套院落等不同类型，院与宅的布局因地块限制又可衍生出天井、侧院、小弄等，呈现丰富多彩的院宅组合布局变化。

如青浦朱家角的舒文海宅地块较小，沿街一堂进来先有一个较小的天井，第二进院落的周围为正屋与单侧厢房组成的L形建筑；朱家角王剑三宅的入口天井很窄，内部数进院落完全跟随地形，大小随宜，收放自如（图2-2-15）。

（三）形之表——粉墙黛瓦 素木青砖

江南传统建筑的外表朴素自然，其主要用材为青砖、灰瓦、木料等，有时还辅以石料、竹材。这些材料的色彩大

图2-2-11 金泽镇内的普济桥、天皇阁桥、迎祥桥

图2-2-12 朱家角放生桥

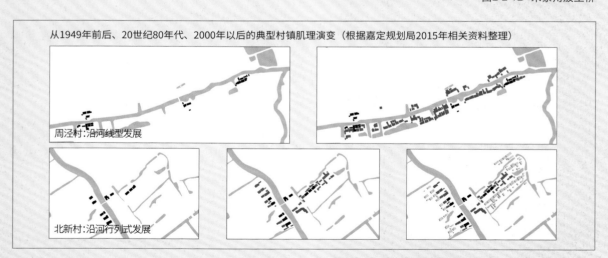

图2-2-13 乡村沿河发展的模式（以周泾村、北新村为例）

图2-2-14 院宅相生的上海水乡民居（青浦朱家角）

致呈黑（瓦）、白（墙）、灰（砖）单色调子，与略偏暖的原木色（木板墙、木构）混合，在水乡环境的衬托下，呈清秀、质朴的水墨画韵味，如青浦朱家角民居（图2-2-16）和金山枫泾民居（图2-2-17）、吕巷民居（图2-2-18）等。

许多立帖式木构的民宅，其木梁、柱仅刷桐油，其维护墙体多以青砖或天然石块砌筑而成，墙面或为清水砖块裸露，或覆以竹片或芦苇秆编制的"枪篱笆"，或以石灰抹灰，屋顶覆小青瓦，以不事雕琢、显自然之美的状态显现（图2-2-19）。

（四）形之廓——坡面错落 边界自然

江南传统建筑的屋顶形态生动、灵巧，屋面曲线变化有致，建筑群体的屋顶轮廓尤其显得错落有致（图2-2-20、图2-2-21）。从种类上来说，双坡、四坡、歇山都有，坡向也

较为自由，以南北向为主。山墙与屋顶的关系也比较丰富，有悬山，有硬山，也有高高耸起的风火墙。防火墙的种类也较丰富，有徽派的马头山墙（图2-2-22），有来自闽粤的观音兜山墙（图2-2-23），也有混合了外来符号的西式山墙。江南建筑的屋顶一般起坡较缓，江南村落的边界是自然的，通常它可以蜿蜒的河流为界，也可以被竹林所环抱，或者直接与田野联成一体，建筑群体的边界与自然环境是犬牙交错、相融相生的，如上海奉贤柘林的南胜村（图2-2-24）、奉城大桥村（图2-2-25）。

二、上海水乡村镇的"意"

上海水乡村镇有秀气、自然的"形"，离不开江南水乡文化的滋养。意为附着于建筑群体之上的江南文化烙印，我们可体会出蕴含其背后的匠意、绿意、素意及合意。

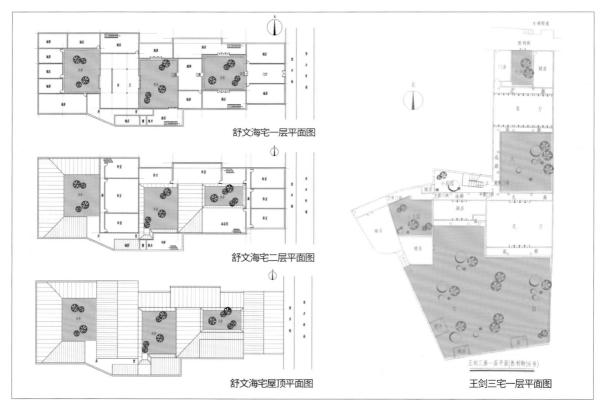

舒文海宅一层平面图

舒文海宅二层平面图

舒文海宅屋顶平面图

王剑三宅一层平面图

图2-2-15 院落大小随宜、跟随地形（以舒文海宅、王剑三宅为例）

图2-2-16 青浦朱家角民居

图2-2-17 金山枫泾民居

图2-2-18 金山吕巷民居

图2-2-19 砖墙外覆竹篱笆(南汇新场镇仁义村金沈家宅)

图2-2-20 屋顶错落有致的枫泾民居

（一）匠意——小式木作 灵活节俭

上海水乡村镇传统民居多为小式木作，既传承了江南传统木构的匠作体系，又有着自己的灵活变通，具有一定的地域特色。总体上来看，上海地区工匠来源比较多元，犹以苏南的香山帮和浙江的宁绍帮、东阳帮匠人为主，其营建技艺可从计成的《园冶》文震亨的《长物志》李斗的《工段营造录》姚承祖的《营造法原》等中得到印证。

因人稠地隘、资源紧张，上海水乡村镇的民居营造手法更灵活，匠人会根据环境条件、用地现状作出变通，或调整开间、进深、层高以适应基地，或灵活布置庭心、天井以满足采光通风，或精简构件以节约材料。与苏州、杭州等地的江南大宅相比，上海传统民居的用料较小、装饰简

图2-2-21 泗泾古镇的屋顶轮廓

图2-2-22 枫泾民居的马头山墙

图2-2-23 有观音兜山墙的枫泾民居

图2-2-24　上海柘林南胜村

图2-2-25　奉城镇大桥村

图2-2-26　闵行近浦村丁家住宅

洁、布局灵活，不强调沿中轴线对称布局，常以适宜的体量、不对称的均衡取胜（图2-2-26、图2-2-27）。

在上海乡村广泛存在的绞圈房子和落库屋就是匠作技艺独特、地域特征明显的地方民居。

（二）绿意——见缝插绿　生态宜人

上海水乡村镇水系发达，湖、荡、塘、浦、港随处可见，通常这些水体绿意荡漾（图2-2-28），因为它们映射的是周边环境的"绿"。上海乡村的"绿"是无处不在的，这个"绿"可大可小，可成片也可成点，且四处可见，与空间结合巧妙（图2-2-29）。虽然上海乡村的建筑密度往往较高，但逼仄的空间里却从不缺少绿色，街边、沿河、河埠头（图2-2-30）、窗口（图2-2-31）都能见绿。

当然，上海水乡村镇的绿意不仅可见，还可感，因为蕴含建筑空间组织、构造细部上的绿色理念，让传统民居有了合理的遮阳、通风，给身处其中的居民带来了舒适的温度和照明。上海地区每年有长达两个月的梅雨节气，潮湿闷热，为了有利室内通风，上海地区的传统建筑往往采用前后天井，并辅以落地长窗（或低槛窗）（图2-2-32）；为了方便雨天通行和夏季遮阳，大量运用外走廊、挑檐、敞廊、骑楼等手法，形成"灰空间"（图2-2-33）。

（三）素意——淡然素朴　自然有机

上海水乡村镇的气质是素朴的。因为乡村传统民居的常用建筑材料为青砖、灰瓦、木料，其墙面或用石灰刷白，或加青煤（呈灰色），木构表面多为素色（或栗色），局部木柱表面做髹漆，也多为黑色退光，因此其建筑色彩素雅，整体为黑、白、灰调子，呈水墨意境（图2-2-34）、（图2-2-35）。

与江南其他地区的民居相比，上海地区的村镇民居建造朴素，以水、木、灰作为主，较少用漆作、雕塑作、彩绘作，只在重点部位以砖木雕镂做简约表达，呈淡然质朴之态。有时还会就地取材，以竹篾编织的笆片替换望砖（图2-2-36），或以竹片排列的"墙篱笆"为覆面（图2-2-37），朴素之极，透着自然有机的气息。

娄塘春蔼堂

娄塘印氏住宅

娄塘印家住宅

娄塘陈氏住宅

娄塘王氏住宅

娄塘敦仪堂

图2-2-27 灵活节俭的嘉定民居

图2-2-28　绿波荡漾的水乡（枫泾）

图2-2-29　与空间结合巧妙的"绿"（朱家角）

图2-2-30 河埠头边的"绿"（枫泾）

图2-2-31 窗口的"绿"（新场）

图2-2-32 前后天井与落地长窗

金山枫泾民居

金山枫泾民居

崇明新河民居

图2-2-33 外部"灰空间"

图2-2-34 建筑外观素雅的色彩（金山枫泾生产街）

图2-2-35 朴素的室内装潢

图2-2-37 "墙篱笆"覆面

图2-2-36 竹篾编织的笆片铺陈于屋面

（四）合意——内溯太湖，外联江海

区别于江南的其他地区，古代上海地区在地理、经济、文化上皆呈"内溯太湖、外联江海"的态势。随着上海地区海岸线自西向东不断拓展延伸，务、市舶司、镇、县等行政建置，也因人口、经济的东扩而逐步向东部扩散、聚集，并逐渐造就了开放、务实、包容的地域文化。在这样的环境条件下，上海地区的传统建筑也因应了上述时空态势，即以苏州香山帮匠作体系为出发原点，吸收太湖流域其他江南营造体系的营养，逐步自西向东扩散辐射，并结合上海本地乡土生产特征，乃至五方杂糅、中西融合。体现在营造技术上，是从传统江南木构技艺，结合本地乡土生产，就地取材的变化，至近代，因西方红砖厂、水泥厂的诞生，西方现代建造技术的引进应用更为明显。

因此，上海乡村的传统建筑具有很强的包容性。来自不同地区的建筑风格、做法、细节会被吸收、同化，来自海外的材料、营造技术、装饰手法会被借鉴、挪用。因"融合"带来的丰富性、杂糅性，丝毫不影响传统建筑群体的和谐，塑造了上海乡村独特的在地性（图2-2-38、图2-2-39）。

第三节　上海乡村传统建筑的基本形制

江南传统木构体系主要包括柱、梁、枋、檩及斗拱等构件，按纵向水平结构层来划分，其一般可分为下层柱网层、中间铺作层及上层屋架层。按清式大木作法则，江南木构又可分为大木大式和大木小式两类。总体而言，上海地区的乡村传统建筑大部为大木小式体系，无斗拱、飞椽，通常柱网层与屋架层直接相连，中间没有铺作层，且大多屋面为彻上露明造，屋架为立帖式，所用木料较小，结构精简，装饰朴素，层高经济。其平面可为单埭（dá）[1]，也可至多埭，埭与埭之间有庭心。上海地区的四合院民居也较有特色，其前后两埭与两侧厢房皆可独立使用，前埭正中开间设墙门间，屋顶绞圈围合，被称为"绞（gāo)圈房子"。

一、平面形制

（一）埭、庭心（天井）、墙门间

在上海乡村中，最普通的"一"字形独幢民宅通常

图2-2-38　风格杂糅的山墙（枫泾民居）

---

[1] 按照上海方言发音。下同。

图2-2-39 中西融合的浦东大团潘氏宅

被称为单埭头屋或独埭头屋（一埭头屋）(图2-3-1)。这种单埭头民居可以是三开间的，也可以是五开间的，其中间正间为"客堂间"，左右分列次间、梢间（落叶[2]）；稍富裕的家庭会在单埭头屋的一侧增建厢房，呈一转一折之态，民间也称其为"曲尺形屋"；经济条件较好的家庭会在单埭头屋的两侧增建厢房，形成一个三合院。通常情况下，增建的厢房位于正埭房屋的后面，成"门"形（图2-3-2），少数情况下，厢房会位于正埭前列，呈"凹"形（图2-3-3、图2-3-4）且有院墙封闭，形成内院。

如民居建筑有前后两埭及东西厢房围合而成，则其当中的院落会被称为"庭心"（或天井），其前、后两埭房屋分别被称为头埭屋、二埭屋。通常，头埭屋的正中一间为墙门间，为进入宅院的入口空间。墙门间的两端会有墙门，有时墙门间面对庭心一侧会有装饰考究的仪门。如果围合庭心的前后两埭、两侧厢房的屋顶连成一体，成45度绞圈，则该合院民居被称为"绞圈房子"（图2-3-5）。民居建筑前后有两进院落，则该建筑被称为"三埭二庭心"。以此类推，那些有九进院落的大宅会被称为"十埭九庭心"。

对于一座典型的"一绞圈"民居来说，其通常为五开间、四厢房。头埭中间为"墙门间"，次间、梢间（落叶间）皆可住人，"墙门间"是绞圈房子的入口空间，它处于头埭房子的中轴线上，既是直通庭心的交通空间，又是合院内大家族共享的公共活动空间。二埭正中为正厅，次间、梢间皆为生活用房；两埭之间为庭心，其通常的长宽比为1:1，适合生活起居；两侧东西厢房各有两间，有的还设东、西小客堂；通常在厢房和正堂的转角处设灶间、库房（图2-3-6）。当然，也有三开间二厢房的小型绞圈房，它的庭心只有一开间的宽度。当多于一个绞圈时，绞圈房子可以南北组合或东西相拼，可根据基地的现状来生长（图2-3-7）。一般来说，因南北两埭主屋的进深大于厢房，其屋脊往往高于侧屋，两端以歇山的屋顶形式来处理（图2-3-8）。

（二）豁、路（架）

上海传统民居的开间（面阔）、进深都有一定的模数关系。开间的度量单位是"豁"(huā)，也叫"发"。"一豁"即指屋面上两根椽子之间的一个空档，也约为屋面上一块望砖（望板）的宽度。通常一个开间的面宽会有17—23豁，客堂一般不少于21豁，次间、梢间的豁数会略少。

图2-3-1　单埭头屋

---

[2]在《营造法原》中被称为落翼。

图2-3-2 "冂"形三合院民居

图2-3-3 "凹"形三合院民居（宝山洋桥村方何宅）

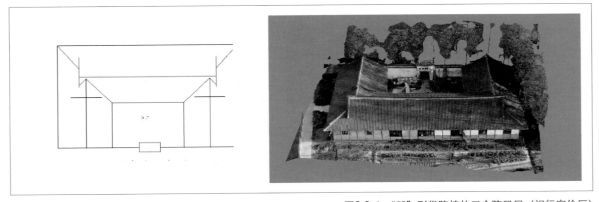

图2-3-4 "凹"形带院墙的三合院民居（闵行宁俭厅）

图2-3-5 四面围合的"绞圈房子"

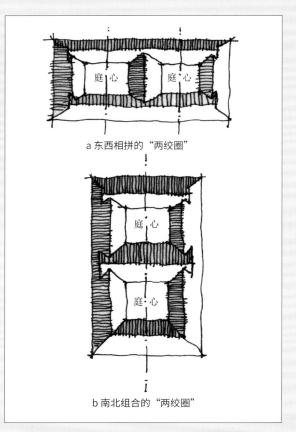

a 东西相拼的"两绞圈"

b 南北组合的"两绞圈"

图2-3-7 "三埭两绞圈"的民宅

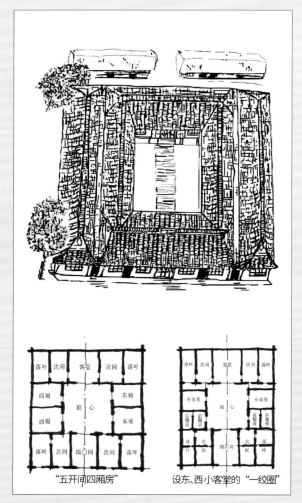

图2-3-6 一绞圈的平面型制（浦东周浦旗杆村顾宅）

图2-3-8 浦东川沙新镇纯心村南王家宅

进深的度量单位是"路"(俗称"路头"),即指屋架上每两帖之间水平联系的桁梁根数,又被称为架,也就是《营造法原》中的"界"[3]。一般上海传统民居的进深为五路、七路,很少有九路进深的。对于立帖式民居来说,路头数就是每一个帖的柱头数。

二、木构体系

(一)帖、穿(川)

江南民居常见的木构形式为立帖式,其所用木料较小,整体稳定性好(图2-3-9)。在立帖式民居中,帖是木构体系的基本单元,它由木柱和穿(即穿枋)组合而成。一副七路头进深民居的"帖"就由7根柱与若干穿组成。将每两榀组装好的帖竖起,在它们之间架上桁梁,就构成了"间"。民居建筑中,最边上的帖被称为"边帖",正中开间的两副帖被称为"正帖"。

对于一座三开间的立帖式民居来说,共有两副边帖、两副正帖。

通常情况下,如经济条件许可,需要内部空间更高、更大时,会在房屋正帖处局部抬梁。立帖式民居的穿一般为矩形,截面尺寸并不大。通常每2根柱之间的穿会有2—3根。出于装饰需要,有时会把穿做成高厚的羊角状(俗称"羊角穿")(图2-3-10)。客堂间、墙门间的穿上多施以雕刻。

(二)桁条(檩)、椽子

上海传统民居中,架与帖之间的水平梁木被称为桁条(檩木、桁梁)。桁条之间的空档被称为"步"。根据桁条所处的位置,不同高度的桁有着不同的名称。例如,对于一座七路头的房子来说,架在中柱上的、位置最高的桁条被称为头部梁(脊檩),前后屋面上,从上到

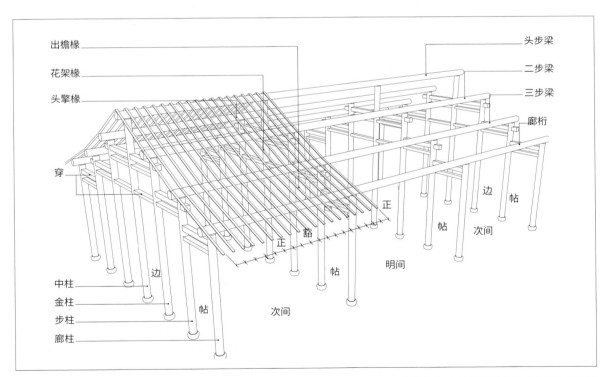

图2-3-9 七路三开间立帖式民居木构体系

---

[3]在吴语和沪语中,"架"与"界"发音相同。

下的三架梁分别被称为二步梁（或金梁）、三步梁（或步梁）、廊桁。椽子是搁于各步桁梁上，用来承载望砖、瓦片的木格栅，其截面通常为平面朝上的半圆形，有时也为矩形。不同桁梁之上的椽子，名称是不同的。以七路头的屋架来说，搁于头步梁与二步梁之间的椽子为头擎椽（简称头擎），搁于二步梁与三步梁之间的椽子为花架椽（简称花架），搁于三步梁与廊桁之上并伸出廊桁的椽子为出檐椽（图2-3-9）。

三、屋面

（一）悬山、硬山、歇山、四落撑、披屋

悬山：双坡屋顶在山墙面出挑被称为悬山，其屋顶只有一条屋脊，没有垂脊、戗脊。上海地区的传统建筑大部分悬山出挑较少，檩条端部直接外露（图2-3-11），少数出挑较大的悬山，檩条下部会设斜撑（图2-3-12）。

硬山：硬山的形态特征是坡屋面的桁条（檩）直接搁于承重的山墙之上，或山墙墙体将边帖木构完全砌筑在内，屋顶在山墙处不形成出挑，山墙顶部仅以数皮飞砖或灰塑线脚收头（图2-3-13），或以高出屋面的风火山墙收头，其形状可为观音兜或马头墙（图2-3-14、图2-3-15）。

歇山：歇山式屋顶由一条正脊、四条垂脊（竖带）、四条戗脊（水戗）组成，呈四面坡向，其正脊两端有垂脊和两侧坡面相交形成的三角形山花。在上海地区，歇山顶可用于单埤屋（图2-3-16），也可用作复杂屋顶转角的收头处理（图2-3-17）。

四落撑（落戗屋）：主要存在于上海松江、金山、闵行、奉贤一带，又被称为落库屋，在浙江平湖一带被称作落戗屋（图2-3-18）。其屋顶中间最高处中有一条正脊，四个坡面的交汇处有戗脊，是一种四阿顶（庑殿顶）。上海地区的落库屋檐口较低，起坡平缓，四周出檐较远，一般可达5—7皮望砖（图2-3-19）。

披屋：为了充分利用空间，有些层高较高或两层民宅会在其南北或山墙侧搭建一小段坡面（图2-3-20），这些坡面可以四面兜通，也可以各自独立，在上海地区它们被称为"披屋"。披屋如位于建筑的南北方向，其空间类

图2-3-10 "羊角穿"（松江民居）

图2-3-11 檩条端部直接外露的悬山

图2-3-12 出挑较大的悬山

图2-3-13 以飞砖或灰塑线脚收头的硬山

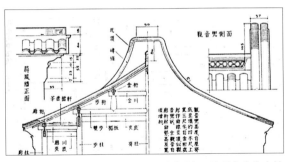

图2-3-14 以观音兜为山墙

图2-3-16 歇山顶的单埠屋

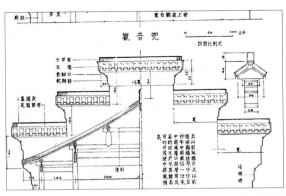

图2-3-15 以马头墙为山墙

图2-3-17 复杂转角顶的收头

似封闭的檐廊；如位于建筑的山墙两侧，则类似民居的落叶，因状似翼翅垂落，在《营造法原》中，它们也被称为"落翼"。

（二）瓦作、脊饰

上海地区乡村传统民宅的屋面多用青灰色板瓦，少见筒瓦。通常底瓦搁于望砖或望板之上，盖瓦覆于两片底瓦之上，上下之间压七露三，少数也有以竹箦或芦苇编织的箔片替代望砖，上面直接覆瓦的。底瓦近檐口处设含下垂圆片的滴水瓦，上覆花边盖瓦，以护住瓦端空

图2-3-18　落戗屋

图2-3-19　四落撑（奉贤柘林王藕英宅）

a 金山沿河商铺

b 宝山韩家湾64弄民居

图2-3-20　山墙侧搭建的披屋

隙（图2-3-21）。滴水、花边上可烧有花纹，常见的有蝙蝠纹、寿字纹、如意纹、云纹等。

屋脊是斜坡屋面的交汇线，不同类型的屋顶有数量、位置不同的脊线。通常，屋顶最高处梁（头步梁）的上方为正脊。上海地区传统民居中，常见的正脊有刺毛（雌毛、雉毛）脊、纹头脊、甘蔗脊、哺鸡脊、滚（混）筒脊、风凉脊等。有时，为了屋脊显得高耸，会在头步梁上搁置"帮脊木"（扶脊木），形成屋脊基座。

刺毛（雌毛、雉毛）脊：屋脊两端以攀脊砌高翘起做出雉毛状的弯钩（图2-3- 22）。

纹头脊：屋脊两端以攀脊砌高，并置云纹、宫灯、花篮等形状的砖块（图2-3-23）。

甘蔗脊：瓦竖立排列，两端设回纹砖块，脊顶刷盖头灰，以防雨水（图2-3-24）。

哺鸡脊：屋脊两端砌攀脊，置弯曲翘起的铁片如哺鸡头，外加粉刷，其下以瓦设坐盘砖置于瓦条之上（图2-3-25）。哺鸡有闭口、开口之分，也有鸡头上插铁花的，被称为铁锈花哺鸡。滚（混）筒脊：用筒瓦对合砌成，内以灰沙填实，其上砌方缘之线脚，可砌一层或两层。

风凉脊：屋脊中部由漏空瓦片组合，可让风吹过，故称其为风凉脊（图2-3-26）。

西岑唐家厅

练塘前进街圣堂

图2-3-21 滴水瓦、花边瓦

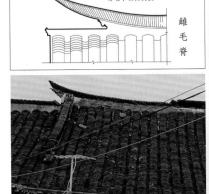
弯势自定，脊端下填长铁板
雌毛脊

图2-3-22 刺毛脊

图2-3-23 纹头脊

图2-3-24 甘蔗脊

图2-3-25 哺鸡脊

图2-3-26 风凉脊 （郁邦杰宅）

第三章 上海乡村的四个文化圈

上海地区的地理环境比较特殊，"襟江带海"使上海有了以吴淞江通达太湖流域、溯长江辐射中国内地、枕东海勾连南北洋甚至海外的地理之便，"横塘纵浦"赋予了上海发达的水路交通网和取之不尽的农业灌溉用水，也增强了农田抗旱、排涝的功能。上海地区整体面积不大，但是其不同区域在历史上有着不同的行政隶属，地理上存在着一定的差异，地域文化也有着细微的差别。厘清不同区域的建筑文脉，找出它们对乡村传统建筑的不同影响，对于我们准确把握上海乡村的传统建筑元素不无裨益。

综合考量冈身、吴淞江、长江、海岸线等地理要素的影响，结合行政区划、各地方言、经济发展变迁，我们发现上海市郊九个区大致处于四个特点明显的文化圈内，它们同属江南水乡区域，又有着各自的差异。其中，冈身以西的诸区（松江、青浦、金山、闵行、奉贤等）以古松江府为中心，传承了发源自华亭的云间文化；位于吴淞江以北的嘉定、宝山区域，受原平江（苏州）府的辖制较久，其方言、文化传统与苏州、昆山一带较为相似；濒海的浦东、奉贤大部原为渔业、盐业兴盛之地，江海航运较为发达，外来人口也较多，接受外来文化的辐射也较多；长江之中的崇明岛则文化较为独立，受北方文化影响较多。

第一节 区域沿革与建筑文化圈

一、上海地理变迁

在中国传统建筑谱系中，等降水量400mm、800mm以及800mm—1600mm是几个主要的分界岭。上海及其所处的江南地区，属于等降水量800mm以上区域。充沛的降水量，使该地区的气候湿润、水网发达。从地形高程上来看，上海的地势并非自西向东、向沿海地区逐渐低下。由于整个长江三角洲南部平原的中心部分

（太湖及四周的小湖群）最为低洼,其周边高起的地形将此低洼围合成一个碟形洼地,上海正处于该洼地的东侧,因此上海的微地形呈向西倾斜的半碟形,地势总趋势呈现由东向西的低微倾斜（图3-1-1）,整个上海地区大致包括西部湖沼平原区、东部滨海平原区及河口沙洲淤积区（图3-1-2）。

（一）西部湖沼平原区

含金山、青浦、松江西部地区,地势低洼,洪汛时河水位常高出地面,易受洪涝灾害。土质黏重,渍水严重,不利旱生作物生长。治水改土需求较大。境内湖荡密布,河宽水深,沟渠交错,有利水产和水禽产业。

（二）东部滨海平原区

自冈身形成后不断淤积成陆,由滨海平原与贝壳沙堤(冈身)组成。区域地势较高,河渠纵横,排灌能力良好,利于水旱作物生长。

（三）河口三角洲区

位于上海东北部,包括长江河口、崇明、长兴、横沙等沙岛。境内地势低平,土质适中,可种棉、玉米等旱作植物。然潮汐作用明显,部分区域土壤盐渍化,不宜耕种,改良土地需求较高。渔业水产资源丰富。

上海地区以冈身为界,东西两侧的地理环境有较大的差异。冈身以西的区域（今青浦、松江、金山地区）是上海最早成陆地区,属太湖平原的一部分,类型为湖沼平原。数千年来,人类开渠围堤、挖泥施肥,将整个平原分割成圩堤重叠、河湖纵横交错的地貌。该区域与太湖流域腹地联系较密切,经济、文化发展起步较早;冈身以东的区域（今浦东、奉贤地区）古代尚未成陆,直到汉唐以后才逐步成陆,为冲击泥沙形成的新区域。因长江挟带入海的大量泥沙经波浪、潮汐、河流、沿岸流的作用沉积,该地为滨海平原区,历史上多民众围海造盐田、官方驻兵屯守的聚居点,明清以后才逐渐衍生出了一些盐商集镇,如新场、下沙等,其中有的因防倭寇所需还筑有

城墙,如川沙、奉城等。

历史上,长江的出海口并不在上海地区。秦以前,长江的出海口还远在扬州、镇江一带,上海与长江的关联还比较弱（图3-1-3）。随着长江中下游人类生产活动、兵燹战乱日益频繁,两岸水土植被受损严重,江岸泥沙下行、淤积增多,长江口陆地东扩逐渐加快。至宋时期,长江北岸陆地东扩较多,长江出海口的位置逐渐下移,逼近上海北部（图3-1-4）。至元、明时期,完全由长江泥沙

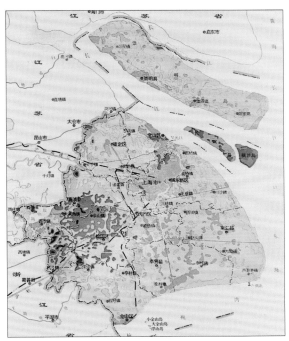

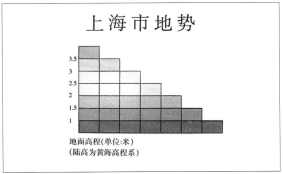

图3-1-1　上海地势高程

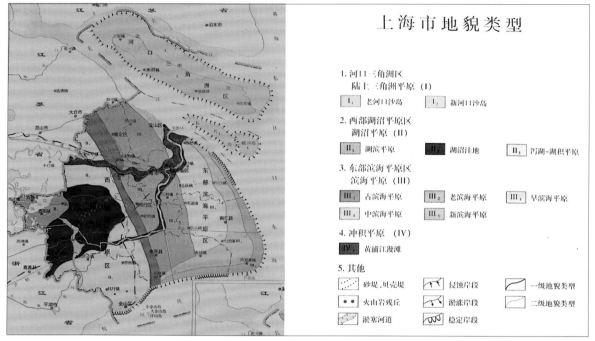

图3-1-2　上海地貌类型

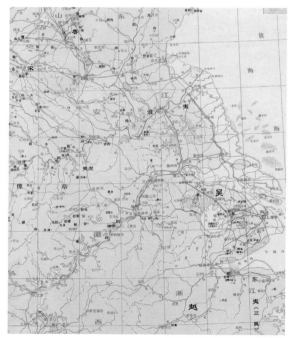

图3-1-3　秦以前地图

图3-1-4　宋时期地图

沉积而成的崇明岛逐渐长成，长江出海口完全进入了上海的地域范围内，上海开始拥有了自长江上溯中国腹地的地理优势，并在长江出海口位置上，逐步形成河口沙洲淤积区。

除了上述较大的江河以外，长江三角洲的太湖流域还有许多密布如织的河网水系（图3-1-5）。在江南的太湖流域，以太湖为中心，周围有不下二百五十个的大小湖泊，湖泊之间，又有数不清的小水系交错连结。和太湖流域的其他地区一样，这些稠密的水系一部分是天然形成的，一部分来自人工的疏浚。勤劳的江南人民早在吴越时期就开始筑圩开塘，以满足耕作灌溉的需求。唐宋以来，江南各地有记载的水文疏浚工作不计其数，其中大可至开挖运河、筑沿海堤身，小可为邻里合力修凿泯沟、宅沟（图3-1-6）。

开浚塘浦，修筑堤圩，可使高地有注溉之水、低地能防洪排涝，实现"低田常无水患，高田常无旱灾，而数百里之内，常获丰熟"。这些塘浦密度较高，"或五里七里而为一纵浦，又七里或十里为一横塘"，且"汇之南北为纵浦，以通于江，又于浦之东西为横塘，以分其势"[1]，呈"横塘纵浦"之态。稠密的水网，造就了江南地区田连阡陌、产出丰饶。据统计，上海地区水体面积约占全市总面积的12%，平均300—500米间就有一条水系。

在上海的浦东地区，初时天然河道不多，其陆地是由长江挟带的泥沙受海水顶托逐渐沉积而形成的。为"煮海熬波"制盐，盐民们开挖出无数东西向引潮沟漕，它们与盐灶相通，被人们称为"灶港"。随着陆地的不断东移，盐灶不断东迁，原来引潮的沟漕也需不断地挖深、延长。

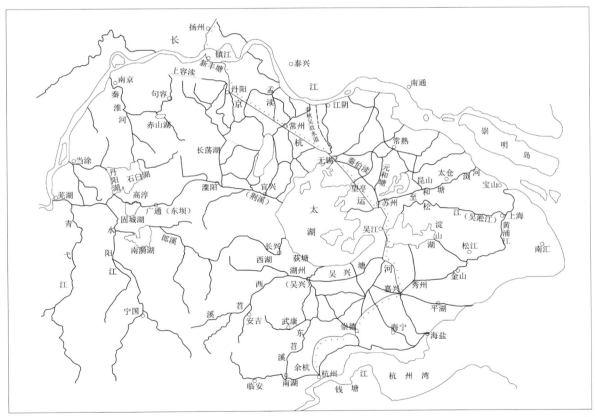

图3-1-5 古代太湖流域的水系分布

经过不断拓宽,逐渐变成有利航运的河港。如一灶港、二灶港、三灶港、四灶港、五灶港、六灶港、焙灶港、南一灶港、南二灶港、南三灶港、南四灶港、南五灶港、南六灶港等。为了把生产出来的盐运出去,古人还开挖了规模比较大的通江达海的运盐航道,如盐铁塘、咸塘港、闸港、周浦塘、运盐河等。

二、上海建置沿革

公元前5世纪,上海尚处吴越交界之地;秦王政二十五年(前222),会稽郡设娄县(含今嘉定西)、由拳县(含今松江、青浦、闵行西)、海盐县(今金山南);东汉永建四年(129),析会稽郡置吴郡,娄、由拳、海盐属吴郡;至西汉时期,上海的海岸线仍位于冈身线不远处,上海的大部仍未成陆,其中金山地区较现今海岸线向南要大很多,上海全域属会稽郡,未形成县(图3-1-7)。

隋开皇九年(589),改吴郡为苏州,上海今金山大部、奉贤部分属杭州盐官、县,余部隶昆山县、吴县,属苏州。唐天宝五年(746),置青龙镇于吴淞江畔。唐天宝十年(751),昆山、嘉兴、海盐诸县割部分土地置华亭县,并设立松江镇,属吴郡(图3-1-8)。唐代上海大部已成陆,下沙—周浦一线捍海塘形成并继续向东扩展,金山、奉贤地区较现今海岸线仍南出很多。当时的上海属于江南东道吴郡,其中的崇明属于淮南道。

宋政和三年(1113),苏州被升为平江府,今上海地区分属两浙西路下的嘉兴府华亭县、平江府昆山县,崇明属淮南东路下的通州海门县。宋嘉定十年(1218),析昆山东五乡置嘉定县,隶属平江府(图3-1-9)。至南宋时期,乾道海塘的修筑奠定了浦东主要城镇的地理位置,今顾陆、川沙、祝桥、南汇、大团和奉城等均分布在这一海岸线上,至此,浦东大部分已成陆,并继续向东扩展,浦东地区城镇发展中首先出现了下沙、周浦两处,金山奉贤地区海岸线逐步向北收紧,接近今日海岸线位置。

元至元十四年(1277),华亭县升格为华亭府,隶属

图3-1-6 有宅沟的崇明民居

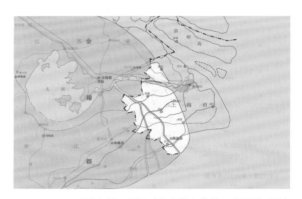

图3-1-7 西汉时期古代上海地区的郡治、县治

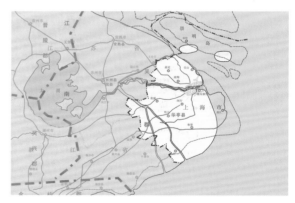

图3-1-8 唐代上海地区的郡治、县治

---

[1]引自北宋水利学家郏亶《治田利害七论》。

嘉兴路;崇明升格为崇明州,隶属扬州路。元至元十五年(1278),华亭府改称松江府。元至元二十九年（1292），松江府分置上海县,含今闵行、黄浦南部、浦东南部、青浦北部。元代,浦东大部已成陆,浦东高桥地区开始出现城镇,金山地区海岸线仍有北抬,接近于今日海岸线位置。今上海地区属江浙行省松江府和平江路的嘉定州(图3-1-10)。

明洪武二年（1369）,崇明建县于姚刘沙,隶属扬州府;明洪武八年（1375）,崇明县改隶苏州府。明洪武二十年(1387),金山卫设立;明嘉靖二十一年(1542),由于耕地、户丁急剧增加,松江府分设青浦县。至此,上海本土海岸线逐步接近今日的位置,上海全域属于松江府下辖三县（华亭、上海、青浦）及苏州府下辖两县（嘉定、崇明）(图3-1-11),并产生了新场、大团、三林等城镇。

清雍正年间(1730年前后),上海港的贸易量日益增大。随着海岸线的东扩,上海地区的盐场也逐渐东移,由下沙起始,新场、大团、八团等盐商集镇不断兴起。上海本土海岸线逐步接近今日的位置,东南角继续向今滴水湖位置集聚,形成"鼻尖"形状;崇明岛基本成陆。上海全域属于江苏下辖松江府的"七县一厅"(上海县、华亭县、青浦县、娄县、金山县、奉贤县、南汇县和川沙厅)和太仓州下辖的三县(嘉定县、宝山县和崇明县),新增宝山、娄县、金山、奉贤、南汇县和川沙厅 （图3-1-12）。

三、四个建筑文化圈的形成

成陆过程的不同和地质条件的差异,决定了上海不同地区的种植习惯、经济发展、聚落形态。在冈身以西地区,地势较低,在洪汛和高潮时,河水位经常高出地面,易受洪涝灾害。土壤以青紫泥为主,有机质含量高,土质黏,渍水严重,不利于旱生作物的生长。故治水改土,降低地下水位是本区农业生产建设的关键问题之一。境内湖荡密布,河宽水深,沟渠交错，水面面积大,水质清洁,污染程度轻;浮游生物与水草丰富;为发展水产和水禽提供了有利条件。在冈身以东地区,地势较高,平均海拔多在4米以上,土壤以夹沙泥为主;土体疏

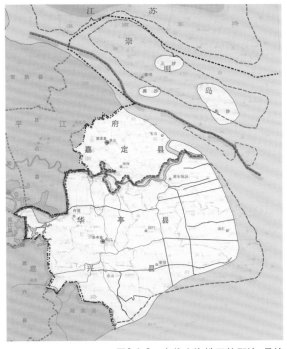

图3-1-9 宋代上海地区的郡治、县治

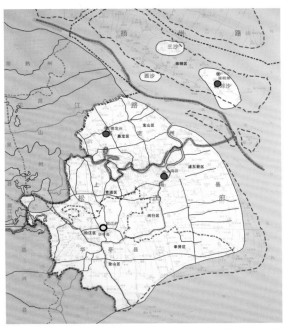

图3-1-10 元代上海地区的郡治、县治

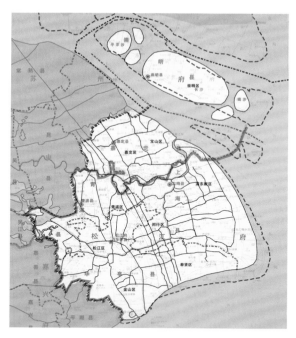

图3-1-11 明代上海地区的郡治、县治

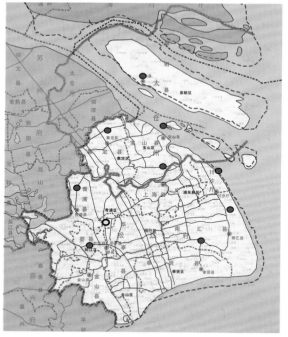

图3-1-12 清代上海地区的郡治、县治

松,富含石灰质,保水保肥性能较差。该地形条件下,水体引、排不畅,需要通过人工疏导,解决淡水水源不足等问题。此外,盐渍地脱盐缓慢,土壤和水质含盐略较高,对农作物生长不利,以棉代粮的生产方式较多。

地质条件决定了上海地区的农业产业大部处于棉业区,少部分处于米粮棉织混合区(图3-1-13)。历史上的上海,除了松江府城、华亭县等地之外,棉纺织业在其他集镇中也广泛分布,如明清时期的乌泥泾、枫泾、南翔、三林塘、周浦、新场、下沙等地纺织业作坊众多,布匹店肆不计其数,所产乌泥泾被、枫泾布、刷线布(又名扣布)、标布闻名江南;明中叶的朱家角,盛产棉布,农家"工纺织者十之九",镇上各种店铺、作坊林立,商贸繁盛,至清代形成"烟火千家,北接昆山,南连谷水,其街衢绵亘,商贩交通,水木清华,文儒辈出……"的景象。

随着海岸线的东扩,上海地区的盐场也逐渐东移。宋元以后,下沙、周浦、航头、新场、大团、八团等盐商集镇不断兴起,两浙盐运司松江分司先后设置于下沙、新场。

冈身的存在,是影响村镇肌理格局差异的重要因素。从不同的航拍图分析可以看到,冈身以西地区,湖荡成群,水网纵横,水系呈自然网状结构,连通性好,水体较多自然弯曲,区域内道路以纵向为主,横向顺应村落肌理;而冈身以东地区,水系较为破碎,尽端河流较多,水网密度也较低,区域内道路网密度较高(图3-1-14)。在村落布局上,冈身以西的村落以水系为骨架,沿河枝状蔓延,冈身以东的村落呈团状,形状不一(图3-1-15)。

上海地区整体面积不大,但是其不同区域历史上却有着不同的行政归属。唐时期,上海地区属江南东道下辖的吴郡(宋以后改称平江府),其治所是吴县(今苏州);至元代,现上海地区的范围分别属松江府(辖华亭县)、平江路(辖嘉定州)、扬州路(辖崇明州);在明代,上海地区分属松江府(辖华亭县、上海县、青浦县)、苏州府(嘉定县、崇明县)及金山卫;清代的大部分时期,上海全境属松江府和太仓道(州)辖制。总体上来说,处于吴地的上海地区历史上主要受苏州府、松江府的交替管辖,两者的分界线为吴淞江[2]。吴淞江以北的区域历史上受平

---

[2]现今上海的松江在宋元时期为平江府(今苏州市)辖区,明清时才升格为与苏州府平级的松江府。

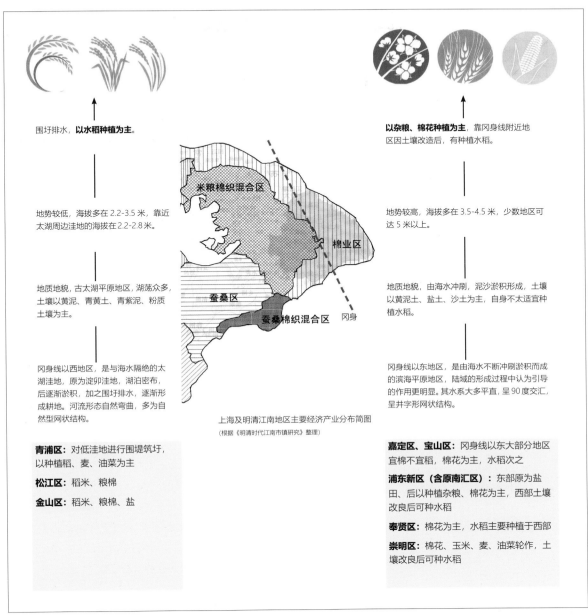

围圩排水，**以水稻种植为主。**

地势较低，海拔多在 2.2-3.5 米，靠近太湖周边洼地的海拔在 2.2-2.8 米。

地质地貌，古太湖平原地区，湖荡众多，土壤以黄泥、青黄土、青紫泥、粉质土壤为主。

冈身线以西地区，是与海水隔绝的太湖洼地，原为淀卯洼地，湖泊密布，后逐渐淤积，加之围圩排水，逐渐形成耕地。河流形态自然弯曲，多为自然型网状结构。

青浦区：对低洼地进行围堤筑圩，以种植稻、麦、油菜为主

松江区：稻米、粮棉

金山区：稻米、粮棉、盐

上海及明清江南地区主要经济产业分布简图
(根据《明清时代江南市镇研究》整理)

以杂粮、棉花种植为主，靠冈身线附近地区因土壤改造后，有种植水稻。

地势较高，海拔多在 3.5-4.5 米，少数地区可达 5 米以上。

地质地貌，由海水冲刷，泥沙淤积形成，土壤以黄泥土、盐土、沙土为主，自身不太适宜种植水稻。

冈身线以东地区，是由海水不断冲刷淤积而成的滨海平原地区，陆域的形成过程中认为引导的作用更明显。其水系大多平直，呈 90 度交汇，呈井字形网状结构。

嘉定区、宝山区：冈身线以东大部分地区宜棉不宜稻，棉花为主，水稻次之

浦东新区（含原南汇区）：东部原为盐田、后以种植杂粮、棉花为主，西部土壤改良后可种水稻

奉贤区：棉花为主，水稻主要种植于西部

崇明区：棉花、玉米、麦、油菜轮作，土壤改良后可种水稻

图3-1-13　上海农业产业分布

江（今苏州）的辖制较多，吴淞江以南的区域历史上受松江府的管辖。

　　作为上海境内唯一大岛的崇明岛，成陆历史较短，其早期行政管辖权属江北行省，明以后才归属江南的苏州、太仓辖制。地理位置上的独立，决定了崇明地区的文化较为独立，且有受北方文化影响的痕迹。

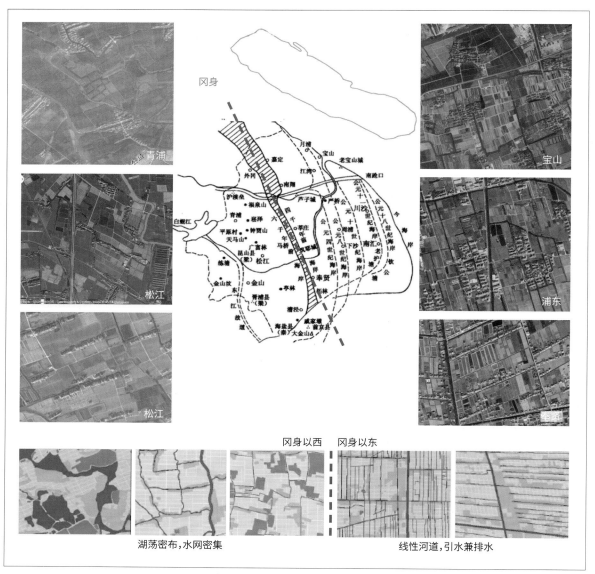

图3-1-14　冈身东、西两侧村镇肌理格局差异

　　此外，因行政归属、地理位置的不同，上海各地的方言也有着明显的差异。如覆盖松江、金山、青浦、闵行及奉贤、嘉定部分区域的即为松江话；嘉定话覆盖嘉定全境、宝山西北部和青浦部分地区（吴淞江以北地区），浦东话则覆盖原南汇、川沙、闵行（黄浦江以东地区）

及奉贤的四团、平安一带，而崇明话与上海市郊其他地方的方言有较大区别，较接近于江苏启东、海门地区的方言。

　　综合考量地理环境、行政区划的不同影响，结合文脉追溯，我们认为上海郊区的传统建筑主要受以下四个文

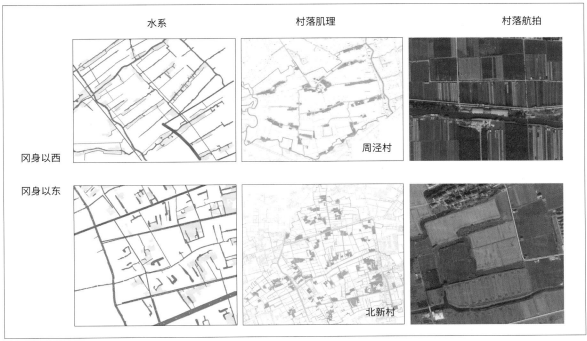

水系　　　　　　村落肌理　　　　　　村落航拍

冈身以西

周泾村

冈身以东

北新村

图3-1-15　嘉定东西区域水网、农田、村落形态差异化格局

化微区域背景的影响（图3-1-16）：

一是冈身松江文化圈，以松江、青浦及金山、闵行的部分区域为主，在行政建置上原属于松江府，其地理环境、物产经济与太湖流域的水乡地区具一定的相似性，文化上主要体现松江(华亭)地区本土文化的积淀；

二是淞北平江文化圈，主要以吴淞江以北的嘉定、宝山为主，历史上曾归属苏州（平江）府的辖制，其水系条件并不十分优越，经济上以棉花种植、纺织为主，受姑苏文化的影响较多；

三是沿海新兴文化圈，处于黄浦江以东、以南区域，主要包括浦东、奉贤及闵行、金山的部分地区，属海岸线逐步淤积外拓地区，历史上以盐业、渔业为主，近代以来因航运商贸经济发展，接受外来文化的辐射较多；

四是沙岛文化圈，以崇明为主，为典型的沙洲岛屿地貌，历史上的传统民居，在北部区域受江北文化影响较多，南部区域受江南文化辐射较多。

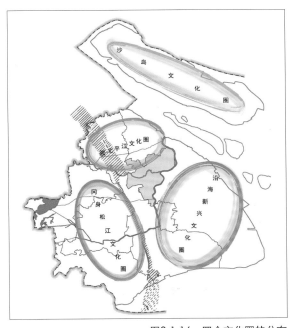

图3-1-16　四个文化圈的分布

第二节 冈身松江文化圈

在上海历史上，松江最初指的是连通太湖和东海的吴淞江，后来松江也是一个地名，是江南的一个府。明代"黄浦夺淞"以后，吴淞江河道逐渐变窄，渐被人们称为"苏州河"，于是松江开始专指地名。

冈身松江文化圈位于上海的西部，包括现松江、青浦、闵行等区及金山的主要部分，主要处于古冈身以西的湖沼平原地带，部分处于冈身以西（如闵行）。因地处太湖流域碟形洼地底部，整个地平面由东南向西北倾斜，东、南部稍高，西、北部低洼。海拔3.2米以下低洼地约占三分之二。该地区中的松江地区水系为感潮水系，处于高潮位以下，易被淹没，因此习惯称为"涝田"。

在古代，该区域内除了东西向的"松江（吴淞江）"以外，还有"三泖"：长泖、大泖、圆泖，它们是今日松江、青浦西部、金山至浙江平湖一线的南北向大型湖荡河道水系。宋元以后，随着秀州塘等东西向的水系的发育，进一步演变成纵横交叉的网络；明初由于吴淞江淤积造成泄洪不畅，在人工改造下形成"黄浦夺淞"（图3-2-1）。现境内较大的水系有黄浦江及其三大源流斜塘、园泄泾、大泖港，宽度均在100—500米，较小的河流有油墩港、茹塘港、大涨泾等。因水路交通联系方便，该区域内各城镇历史上与浙北各地（如南浔、嘉兴、平湖等地）联系较密切。

一、地域文化

冈身松江文化圈所在区域成陆较早，文化积淀深厚，境内有崧泽、福泉山、广富林、马桥等古文化遗址，涵盖了马家浜文化、崧泽文化、良渚文化、马桥文化等新石器时代文化诸类型，并诞生了崧泽文化、马桥文化、广富林文化这三个考古命名。从青浦的崧泽古文化遗址中，考古学家发现了具6000余年历史的上海第一村（崧泽村）、上海第一房（图3-2-2）、上海第一人。

因水系发达，区域内的航运交通较为发达。被称为上海第一镇的青龙镇就因航运商贸而生，它诞生于1400年前，是唐宋时期的"东南巨镇"[3]。地处黄浦江中游的闵行，在元代已设立义渡，其地名"闵行"便源于"敏航"。从闵行浦江花苑码头遗址出土的宋元瓷器，可以看出当时航运商贸的兴盛。

因冈身地势高亢，多为旱田，不宜种稻，宜种皮棉，因此该地区的耕织文化表现为"冈上种棉，冈下种稻"。皮

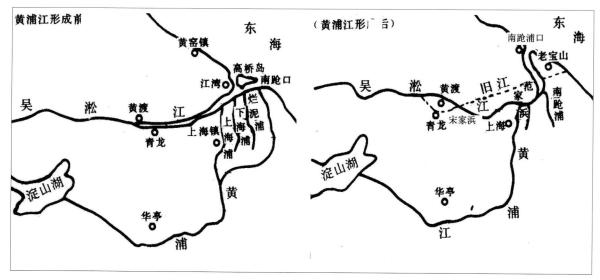

图3-2-1　黄浦江形成前后上海地区水系关系对比

---

[3] 据明《松江府志》记载，"青龙镇在青龙江上，天宝五年（746）置"，因有控江连海的地理优势，是"富商巨贾，豪宗右姓"云集之地。当时的青龙镇规模可观，有"三亭、七塔、十三寺、二十二桥、三十六坊"。

图3-2-2　上海第一房复原图

棉的种植带来了纺织业的兴盛，并促发了手工业、商贸的发达。宋末元初，区域内出现了棉纺织业，并逐步成为本地区经济发展的重要组成部分。至明中后期，松江渐成中国棉纺织业的核心产地且带动周边的金山、闵行等区域。徐光启《农政全书》记载"棉布寸土皆有"、"织机十室必有"。明正德《松江府志》亦载："乡村纺织，尤尚精敏，农暇之时，所出布匹，日以万计。"

因棉纺织业的发展，该区域逐渐出现纺纱织布、棉布加工等专业分工，很多市镇形成了自己的特色。家庭手工业者经常是每天到城镇的牙商、布商那里领取原料，在家中纺织，然后又将成品半成品交售出去。因而，松江地区多包买商，即向小手工业者贷给或供给原材料以至工具、给予一定酬金或工钱、然后收取成品转向市场销售的商人。纺织生产劳动也不断地从农业经济中分离出来，并吸引大量农民脱离了农业生产劳动，转而从事手工业。

在冈身松江文化圈，文学大家层出不穷：西晋时有文学家陆机、陆云；北宋大书法家米芾曾任青龙镇镇监，绘过《沪南峦翠图》，书录过《隆平寺经藏记》，还吟有《吴江舟中诗》，对青龙镇的自然风光作出了细致描绘；明代书画家董其昌、陈继儒等开创了松江画派，陈子龙、夏允彝创建了几社。

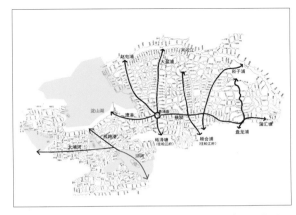

图3-2-3　青浦地区的水系图

二、村镇肌理

冈身松江文化圈所包含的乡村地区是传统圩田耕作体系的区域，其村镇肌理及建筑格局与水系的关系极为紧

图3-2-4　民国时期松江历史地图

图3-2-5 民国时期闵行历史地图

密。从青浦（图3-2-3）、松江（图3-2-4）、闵行（图3-2-5）、金山（图3-2-6）等区的历史地图中，我们可以看出，密布的水网串联起了区域内的大小村镇，水系的大小、疏密决定了集镇个体的大小及数量的多寡。

青浦的西部地区湖荡簇集，河流多东西走向，如淀浦河、泖河和大蒸塘；青浦的东部地区水体面积相对较少，河流多南北走向，呈一横塘、五纵浦(大盈、蟠龙、顾会等)之格局。区内的淀山湖大致与太湖的成湖时间相近，淀浦河西起淀山湖口九曲港，东至黄浦江船华渡口，连结淀山湖、黄浦江。境内金泽、重固、蟠龙、练塘、商榻、白鹤等镇（图3-2-7）和泖甸、岑卜、蔡浜等村（图3-2-8）水乡风貌仍存。

松江境内"城—镇—村"体系随水网呈树状结构。松江府城、仓城通过黄浦江、斜塘、园泄泾、大泖港、油墩港、茹塘港、大涨泾、泗泾河等河流与周边集镇相连；因米棉商品经济发达，棉纺业从事者常需借水路交通每日来

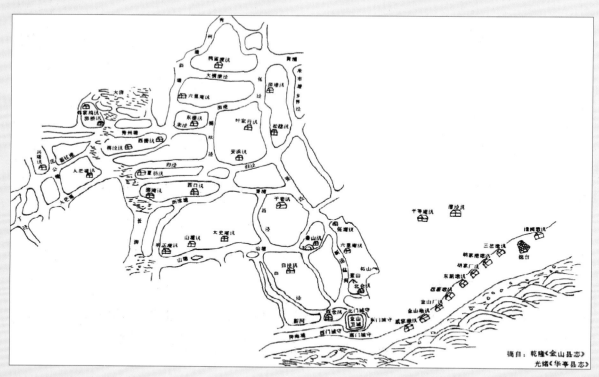

摘自：乾隆《金山县志》
光绪《华亭县志》

图3-2-6 明清时期金山历史地图

往于集镇与村落之间,因此松江乡镇分布有着较大的密度,通常各传统集镇之间的距离在3—5公里间。

闵行作为上海西南郊区的商贸重镇,粮食棉花布纱交易历来活跃,是江南地区重要的物资集散地。其集镇间距通常在3公里左右,村庄间距在1公里以下。境内串连各村镇的东西向水系多为黄浦江的支流,另有数条南北向水系连接了纪王庙镇、诸翟镇、七宝镇、莘庄镇、颛桥镇、马桥镇、闵行镇等重要集镇(图3-2-9),其中诸翟、华漕、闵行等镇传统上专门以航运为主要功能,有航班定时来往于各大乡镇和上海之间。一般来说,闵行境内浦东集

镇以米粮交易为主,浦西集镇则以棉纺交易为主。

金山区域内河网密布,自西而东有新河、山塘、胥浦、归泾、泖港、大横漭泾等六条河流,自南而北有驱塘、掘挞泾、沤龙泾、张泾、新盐运河、石臼浦等六条河流,水系成回字形网络,因此水运发达。境内朱泾、枫泾等镇历史悠久,皆因水成市(图3-2-10)。其中的枫泾镇境域内北镇属松江,南镇属嘉兴,地处松江、嘉兴两府交通要道(图3-2-11),区域优势尤为明显。枫泾在宋代设风泾驿,直通秀州,元代设白牛务,明代设税课局。明清以来,枫泾棉纺织业发达,镇中仅经营土布店的肆就有几十家,所产

图3-2-7 青浦境内水乡集镇

图3-2-8 青浦境内水乡村落

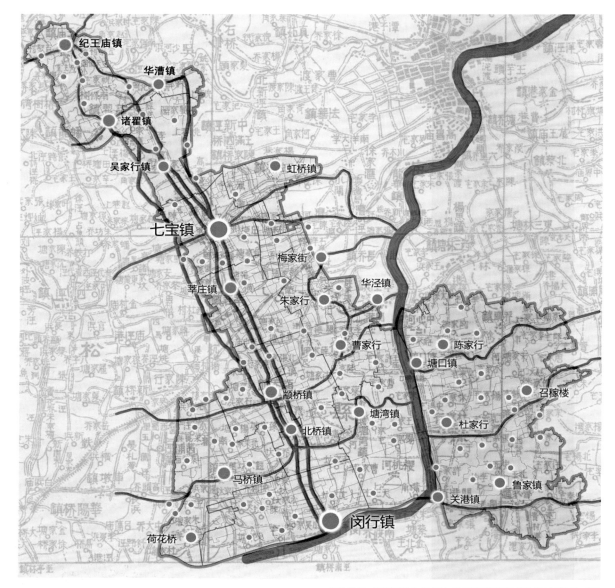

图3-2-9 根据1918年历史地图所梳理的闵行区村镇体系图

"枫泾布",质地牢固,价廉物美,闻名江南数省,有"买不完枫泾布,收不尽魏塘纱"之誉。除了棉纺织业,枫泾薄稻在上海也素负盛名,清代其米麸业久居松江府首位。

按照所处位置的不同,冈身松江文化圈的村镇肌理可分为三种(图3-2-12):黄浦江以南地区(包括现松江区南部及金山区北部地区),以点状肌理为主;黄浦江以北地区(包括松江北部与青浦区东部地区),呈带状肌理为主;金山南部地区、青浦西部环淀山湖以及松江环泖田地区,则以团状肌理为主。

在青浦、松江的泖河、环淀山湖区域,大大小小的河塘密布,村落形态顺应河道、湖塘等自然走向,以地势较高处为村,以中间低处为田,因地制宜,灵活布局,田在水中,水在村中,呈"水、田、塘、居"的格局(图3-2-13)。有时村民们还采取"圩田"的方式,开河筑堤,在各个圩子里引水灌溉农田,以堤、宅、田、塘四要素构成一个宜居环境(图3-2-14),兼顾生产与生活需求。

三、建筑特征

冈身松江文化圈所包含的乡村地区,存在着落厍屋(四落撑、落戗屋)、绞圈房子等典型上海传统民居,其院落组织形式多样,与街面、水面有着生动的关系,细部做法讲究。

(一)落厍屋

落厍屋在浙江北部的平湖一带较为常见,在上海的金山、松江(浦南地区)、闵行等区域分布也较多(图3-2-15、图3-2-16)。落厍屋的屋顶为坡度较缓的四坡屋面,屋面硕大,檐口高度较低,构造做法较为简练,石湖荡地区甚至不用老仔角梁,只做斜椽。脊檩自明间东西缝各向两侧伸出若干齾形成正脊,但不见推山做法。四面出檐较远,一般可达5—7皮望砖,其中松江东部一般为7皮,西部多为5皮。因其屋脊常有曲翘,在部分地区也被称为落戗屋。

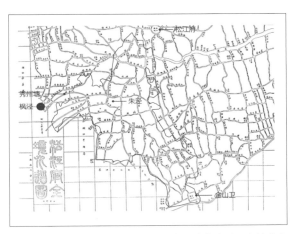

图3-2-10 金山区域内水系及市镇分布

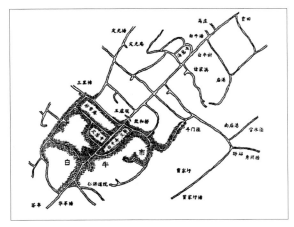

图3-2-11 宋元时枫泾(白牛市)镇示意图

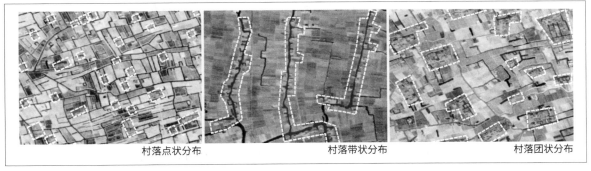

村落点状分布　　　　　村落带状分布　　　　　村落团状分布

图3-2-12 团状聚落肌理

图3-2-13 "水、田、塘、居"格局

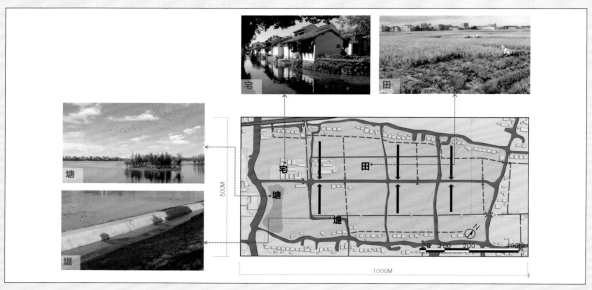

图3-2-14 "宅、田、塘、堤"格局

图3-2-15　金山落厍屋（来源：《金山县建设志》）　　　　图3-2-16　松江落厍屋

图3-2-17　单埭的落厍屋

图3-2-18　"冂"形三合院落厍屋（新源五村古场146号）

落庳屋可为单埭,也可为"冖"形三合院。单埭的落庳屋一般为三开间,明间南面略有凹进(图3-2-17);呈三合院的落庳屋,其两侧厢房位于南北向的正埭后侧,如松江新源五村古场146号(图3-2-18)。

(二)绞圈房子

冈身松江文化圈内的闵行、松江、金山等地,历史上存在着大量的绞圈房子。虽然总体上来看,这些绞圈房子都是屋顶绞圈、檐口平齐,但是各自仍有差异。大部分的绞圈房子南北两埭的正屋进深较大、屋脊略高,东西厢房的进深较小、屋脊较低,高起的南北两埭屋顶可为歇山式(图3-2-19),也可为落庳屋,有的还在两侧厢房处留出采光小天井,如金山朱泾镇待泾村蒋泾18组袁宅(图3-2-20)和松江洙桥村216号(图3-2-21)。

赵家宅院(图3-2-22)是位于闵行区浦江镇杜行跃进村的一座标准的一绞圈房子。赵家宅院坐北朝南,主体中轴对称,面南五开间,东、西厢房各两间,西侧建有对称的双观音兜山墙,较为少见。

(三)沿河街廊

在冈身松江文化圈内,航运商贸发达的大镇较多,其建筑有着丰富的沿河形态。因商贸繁荣,这些水乡集镇的沿街建筑多为两层,且并连成行,形成尺度较大的"大屋"。因江南多雨,为了米粮贸易、运输的需要,许多集镇的临水一侧还设有骑楼或长廊,供公众通行。如青浦练塘下塘街 44 弄街廊利用两层主屋的下层形成骑楼,依托临河的水埠,为米粮运输提供便利(图3-2-23);金山枫泾的生产街长廊以单坡或双坡廊子临水,串联沿河商铺、河埠头,富有水乡特色(图3-2-24)。

(四)细部构造

因商贸兴盛、经济发达,冈身松江文化圈内的水乡集镇多院落大宅,其正屋多用抬梁,穿枋处可见羊角穿,南面有轩廊,细部构造较为讲究。

松江地区歇山顶的做法不同于苏式做法,其内部不使用抹角梁,而使用密排多根梁的做法,即一头搁置在山面檐檩上,一头用插梁造的方法插在明间每根落地的柱上,其上再放置童柱支撑歇山山面。这种密排的梁,便于实际使用时在上方放置搁板,形成用于储藏的夹层(图3-2-25)。

院落民宅的库门(墙门)常以石料做门框,精致的

图3-2-19 南北两埭屋顶为歇山顶的绞圈房子

图3-2-20 南北两埭屋顶为落庳屋的绞圈房子(朱泾镇待泾村蒋泾18组袁宅)

图3-2-21 南北两堍屋顶为落库屋的绞圈房子（松江洙桥村216号）

图3-2-22 闵行跃进村赵家宅院

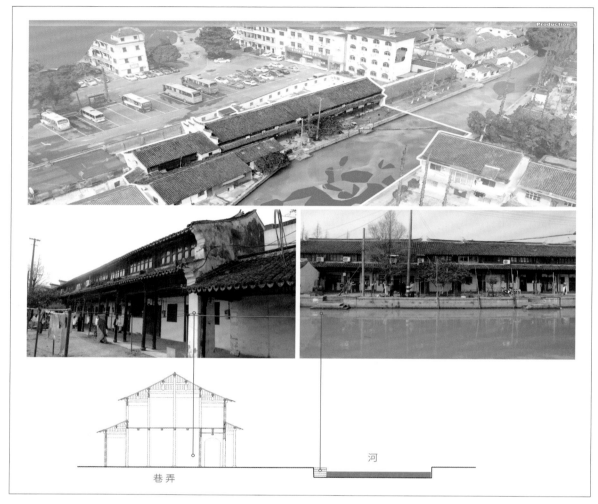

图3-2-23　临河水埠（青浦练塘下塘街 44 弄）

图3-2-24　金山枫泾的生产街长廊

仅门较多见;山墙形式非常多样,马头墙、观音兜、混合式做法随处可见。松江地区的观音兜不同于苏州地区,其形式非常小巧(图3-2-26),顶部宽度较小,类似于《营造法原》中的半观音兜做法。在松江地区,观音兜不仅会被用在硬山建筑的山墙面上,有时歇山屋顶的小山花处,也用观音兜来装饰(图3-2-27)。

图3-2-25 密排梁的做法

图3-2-26 小观音兜

图3-2-27 歇山屋顶山花处的观音兜

第三节 淞北平江文化圈

历史上，松江府与苏州府大致以吴淞江相隔，因此淞北平江文化圈与冈身松江文化圈的分界线也大致在原吴淞江一线。淞北平江文化圈的覆盖范围主要包括吴淞江以北的上海地区，即现嘉定、宝山地区，该地区长期属于苏州平江府（明代以后改称苏州府）管辖（图3-3-1）。南宋嘉定十年(1217)，嘉定县（含现在的宝山区域）从昆山县分出，此后历经南宋、元、明至清。清雍正初年，宝山从嘉定县中析出。1958年，嘉定、宝山始划入上海管辖。

作为当时江南水乡地区联系太湖与出海口的东西向交通动脉，吴淞江沿线分布着嘉定县的主要市镇，包括安亭镇、黄渡镇、南翔镇等。据载，南翔云翔寺始建于南朝梁天监四年（505），清乾隆年间毁于大火，仅存山门两侧的建于五代时期（907—960）的砖塔；位于外冈镇的吴兴寺，也始建于南朝梁天监十年（511）。此外，安亭、练祁等地也有嘉定建县以前的记载。可见早期嘉定地区经济、文化等在吴淞江沿岸发展较快。

以吴淞江为主要交通纽带，流经安亭、黄渡、南翔的支流盐铁塘、横沥河承担了嘉定南北纵向的交通联系功能，并在这些纵向河道上产生了其他主要市镇如葛隆、娄塘、外冈、练祁等，其他区域内较大的河流还有练祁河、蕴藻浜等。

据明正德《练川图记》《姑苏志》记载，宋元时期嘉定有娄塘桥市、钱门塘市、州桥市（练祁）、新泾市、广福市、真如市、封家浜市、纪王庙市、瓦浦市和罗店镇、南翔镇、安亭镇、黄渡镇、大场镇、江湾镇、清浦镇（吴淞口高桥镇）、葛隆镇（图3-3-2）九市八镇。至明清，市镇又有新进展，据康熙《嘉定县志》光绪《嘉定县志》记载，析置宝山县后，嘉定主要有七市十二镇，旧有南翔镇、安亭镇、黄渡镇、葛隆镇四镇，原有集市升为镇，包括娄塘镇、新泾镇、外冈镇、广福镇、纪王庙镇五镇，并新增徐家行镇、马陆镇、诸翟镇三镇。

这些市镇当时兴起，主要与嘉定、宝山的河道水网分布有关（图3-3-3），并且因冈身产生的地理条件差异而

有不同的功能，主要体现在棉花、棉布、米粮的生产和贸易方面的相对分工。明清时期的嘉定、宝山地区，虽大体属于江南水乡地区，但是地理条件是有差别的。冈身的顶托，导致吴淞江的河道也不断延长，河床越来越平，流速越来越小，冲淤能力越来越弱，因而"黄浦夺淞"之后，太湖水泄出海的主通道被黄浦江代替。

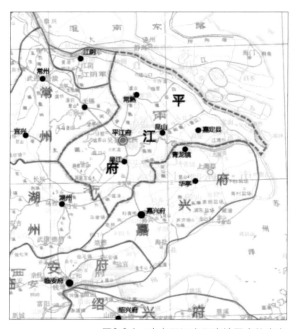

图3-3-1 南宋平江府历史地图中的嘉定

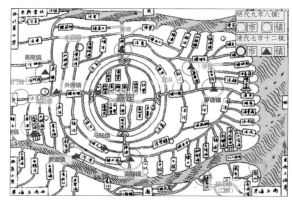

图3-3-2 明清时期嘉定市镇划分

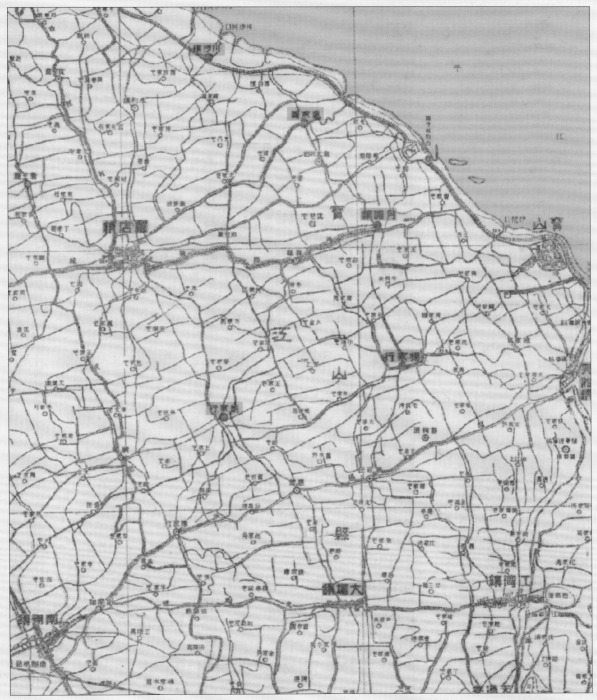

图3-3-3　民国十九年（1930）宝山水系图

冈身以东,即大部分嘉定、宝山的市镇、乡村地区则"虽有水系,然航道易塞,水浊不清,仍区别于苏州一带的水乡风貌",土地高亢瘠薄,以棉花种植、棉纺生产为主。冈身以西、吴淞江北岸的地区,河道水系条件较发达,例如,盐铁塘是一条位于冈身西侧的古代运河,它连通长江、吴淞江,沿线集中了南翔、外冈、安亭、黄渡等重要的棉布贸易兼生产型市镇。

盐铁塘西起长江南岸的沙洲县(今江苏省张家港市)杨舍镇北,向东南流,至嘉定,在黄渡镇注入吴淞江,全长近百公里,大部位于江苏常熟、太仓地区(图3-3-4)。盐铁塘在汉初具备雏形,到唐代已经开始发挥很大作用。借助于两岸相继开挖的塘浦和设置的堰门、斗门,盐铁塘既可遏水于冈身之东,灌溉高亢之田,又可遏自身之水,减轻塘西洼地的行洪排涝负担。作为一条流经江南腹地的水道,盐铁塘既能串联起常熟、太仓、嘉定,运输盐铁粮食和其他物资,又能灌溉、排洪(涝),具很高的经济价值。

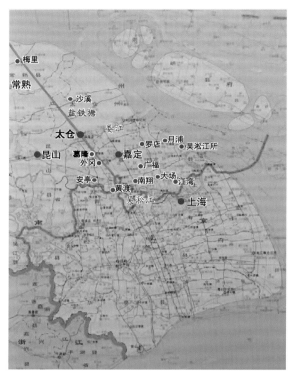

图3-3-4　明时期的盐铁塘

一、地域文化

因长期属于苏州府、平江府管辖,虽远离平江政治经济中心,但嘉定(含宝山)文化也一直受到姑苏文化、吴文化的影响,教化传统风气浓郁,为区域边缘科考文化重地。这样的文化关联关系还体现在嘉定方言和苏州方言相似性上——从嘉定一带方言的发音和语序上,我们可以看到嘉定方言和苏州方言的相似度远大于上海话与苏州话的相似度。

区域内粮棉皆产,棉纺织业发达,经济较为富庶,文化较受重视,素有"教化嘉定"之风。历史上,明代有"嘉定四先生"(程嘉燧、唐时升、李流芳、娄坚),皆以诗文书画蜚声海内;清代有"嘉定六君子"(陆元辅、张云章、赵俞、张大受、张鹏翀、孙致弥),俱学识渊博、诗词流逸。另外,明嘉靖年间,作为上承唐宋、下启清代桐城派的散文大家归有光曾徙居安亭讲学13年;清乾嘉年间,在乾嘉学派中独树一帜的钱大昕、王鸣盛,突破尊经卑史的偏见,集毕生精力写下《廿二史考异》《十七史商榷》等巨

著鸿篇。

受地域文化的影响,嘉定、宝山地区的工匠工艺也较完整地带有苏州香山帮营造技艺痕迹,许多院落大宅、集镇民居与苏州民居非常相似。

二、村镇肌理

冈身在淞北平江文化圈的地理印记较为明显,现在的外冈镇就是冈身以西的重要市镇,因位于"冈"之外而名。比较冈身东西的村镇可以发现,因不同的地理因素,冈身两侧有着不同的村镇肌理(图3-3-5)。

冈身以西地区水系呈自然型网状结构,连通性好,自然弯曲度较好。区域内干道纵向为主,横向顺应村落肌理枝状展开。村落沿水的一侧(位于河道南侧居多)或两侧分布。如外冈镇周泾村一带,水系呈东西流向,

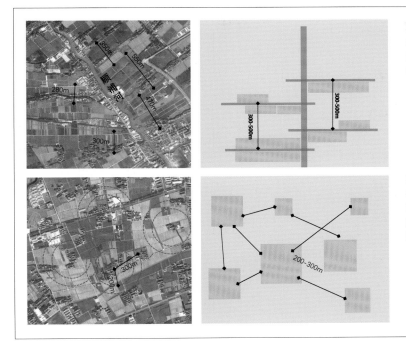

冈身以西的村落布局以河为骨架，横向枝状河线型蔓延，随河形就河势，纵向间距300—500m，村落沿水的一侧或两侧分布。

冈身以东的村落布局呈团块状散落于农田之中，村落之间约有200—300m的空间距离（耕作服务半径），村落肌理紧密，多附水而聚，形成尺度各异的围合空间，滨水特征得到保持。

图3-3-5　冈身两侧不同村镇肌理

密度较大，村镇横向沿河一字形排开，局部错落，有周泾—金家宅（规模53户）、向阳—杨家宅/高家桥（规模65户）。

冈身以东地区相对水系破碎，地面道路则连接成网，互通性较强。村落多附水而聚，形状不一，村落肌理紧密，建筑结合水流的回转，形成尺度各异的围合空间，历史上需要不断开挖疏浚，才能维持较好的通航功能。如嘉定华亭镇北新村一带，整体围河团状集聚，村宅邻近主要河道，枝状河系向内伸展，水系环绕贯通。有些村庄还呈多组团集聚，村宅夹河（断头河）生长，如毛桥—杨家宅/王家宅（规模73户）、大裕—张顾宅/北桥（规模111户）。

区域内的宝山地区，历史上村落及集镇的发展均依托水系，村镇体系以水网相连（图3-3-6）。许多集镇沿河设市、河街平行、依水就势（图3-3-7），许多村落多临水而建、田园相错（3-3-8）。在一些发达的集镇，大型院落式民宅多一面临街、一面傍水，呈"水、街、院、宅"相连

之态。如娄塘敦谊堂，南临横沥河，北面面街，中间分布有五进院落（图3-3-9）。

20世纪60年代后，受城区扩张、集体化生产模式和工业产业移入的影响，许多村镇的肌理发生了巨大的改变，河道或被拉直，或被填埋筑路，村镇名宅多以行列式布局，仅有少数村落保持了传统村落的空间肌理特征。如宝山区内的张士村（图3-3-10）与远景村（图3-3-11），村落沿水而生，呈块状松散布局，村落之间有农田相隔。

三、建筑特征

嘉定、宝山区域历史上与平江府有着较长的渊源，因此其民居风格整体上与苏州地区的传统民居比较接近。在较为富庶、发达的嘉定城关及周边诸镇，有多进院落的大型院宅较为常见，且其主体建筑为楼房，正厅多为花篮厅，南面有轩。在广大的乡村地区，单埭或"凹"形的乡村大屋大量存在，部分地区也有一些绞圈房子。

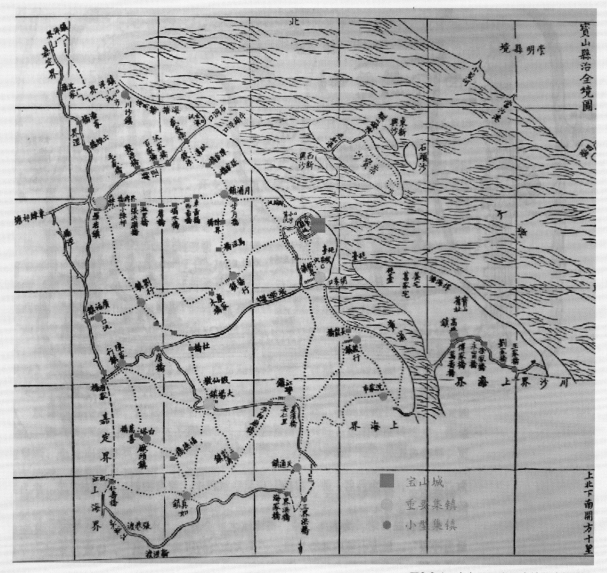

图3-3-6　南宋平江府历史地图中的嘉定

（一）"凹"形大屋

在淞北平江文化圈的乡村，最常见的是单埭双坡农舍，它们可以是三开间，也可以是五间以上的大屋，通常前有开阔、平整的场地，可供生产、休憩。形体稍复杂的农舍往往呈"凹"形三合院。与冈身松江文化圈内的"冂"形民宅不同，"凹"形大屋的东西厢房位于正埭的南面，且南面无院墙，呈半开放的合院，如位于宝山罗泾洋桥村的方何宅，即为一典型的三开间"凹"形大屋（图3-3-12），且南面开敞；而嘉定的秀野堂，则为南面有院墙的三开间

图3-3-7 1948年顾村镇影像图

· 图3-3-8 沿河生长的村落（1948年影像）

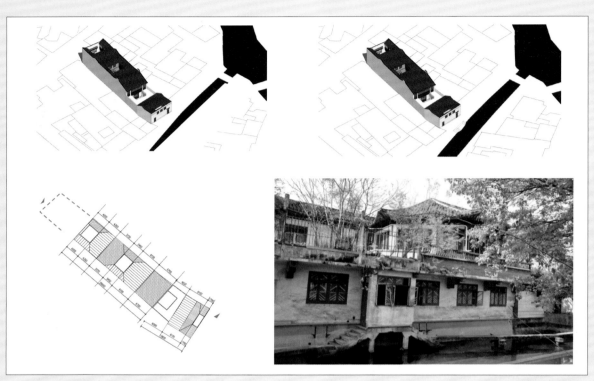

图3-3-9　嘉定娄塘敦谊堂

图3-3-10　张士村

图3-3-11　远景村

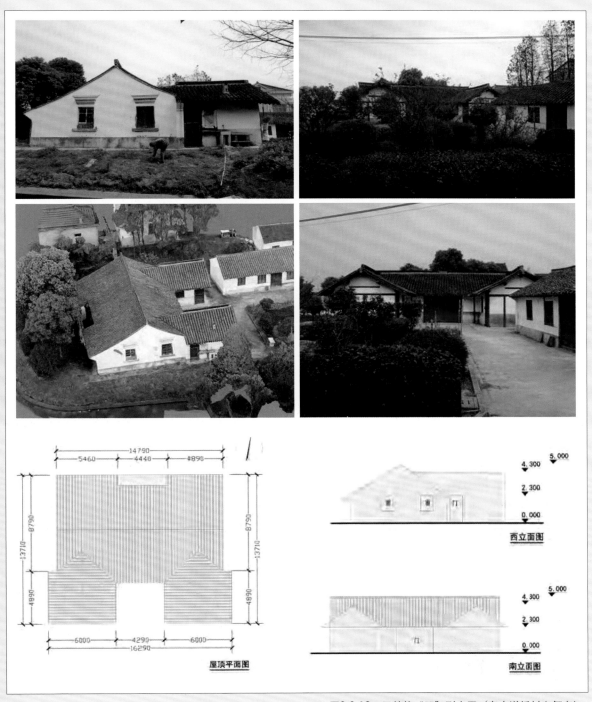

图3-3-12 开敞的"凹"形大屋（宝山洋桥村方何宅）

"凹"形大屋（图3-3-13）。

（二）楼房院宅

与苏州地区一样，在嘉定、宝山的大型集镇中，多进院落的民宅层出不穷，通常它们墙门间临街，前后可有数埭，通过多进院落相互串联，如位于宝山罗店亭前街的敦友堂，沿街为墙门间，后为作坊、住宅，前后共有数进院落（图3-3-14）。自晚清、民国以后，因人稠地隘、经济发展，区域内的院宅多为楼房，如娄塘敦谊堂。部分院宅还保留了苏州一些大型宅院设置备弄的做法，如宝山沈氏旧宅就在正屋的侧面留有狭长的、可贯穿各进院落的备弄（图3-3-15），供女眷或仆人通行。

（三）细部构造

该地区传统建筑外观上以粉墙黛瓦与木饰面结合为整体色调，多采用双坡小青瓦屋顶、观音兜山墙，局部装饰有花窗，入口常见石框库门及砖细墙门，简洁、敦实、含蓄。如嘉定城东秀野堂、嘉定黄渡民居、宝山敦友堂等（图3-3-16）。

部分嘉定大宅的厅堂采取了花篮厅的做法，即正贴步柱不落地，代之以端部雕有花篮的悬柱，如娄塘敦谊堂和春霭堂。这种花篮不同于檐廊挂落下端的装饰性垂花柱，需承载檐廊和后四界、二层楼板的重量，因此用材浑厚、大气美观（图3-3-17）。嘉定、宝山地区传统民居墀头形式多样，有折线形、弧线形，并有丰富的线脚、花饰（图3-3-18）。

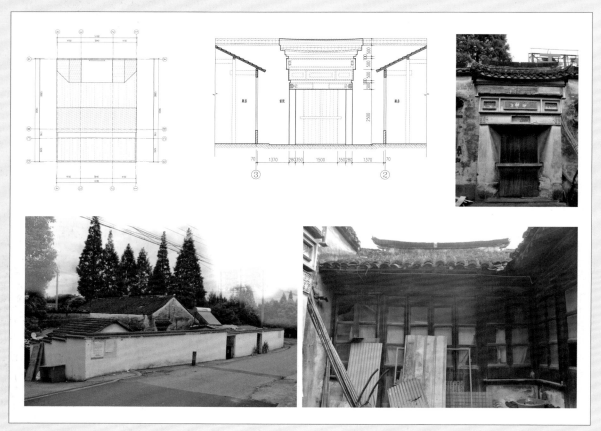

图3-3-13 南面有院墙的"凹"形大屋（嘉定秀野堂）

图3-3-14 宝山罗店敦友堂

图3-3-15 宝山沈氏旧宅

图3-3-16　入口库门、墙门

图3-3-17　雕花悬柱

图3-3-18　墀头

第四节 沿海新兴文化圈

上海地区的海岸线变迁造就了今日上海浦东、奉贤、金山等区的陆地边界。总体上来看，上海地区的海岸线呈东扩、南收之势。沿海新兴文化圈内的浦东区域，其陆地是由泥沙淤积、海岸线外拓而逐次成陆的。唐下沙—周浦一线捍海塘的形成标志着浦东初步成陆；南宋乾道海塘的修筑，奠定了该区域腹地的形成——许多主要城镇如顾陆、川沙、祝桥、南汇、大团和奉城等皆分布于这一海岸线上。这片区域，依托传统制盐业、捕鱼业、耕织业，地域经济特征比较明显，社会文化、居住文化和非物质文化遗产有很多相似之处，被统称为沿海新兴文化圈。

因盐场制盐曾经在相当长一段时期内是该地区最重要的经济生产活动，区域内许多地名都带有灶、团、场、仓等字眼，如六灶、三灶、大团、六团、新场、盐仓等。由于盐场众多，与盐业生产相关的航运、商贸也得到带动。航运商贸的发展，带来了各地的文化。受外来文化的影响，该区域的建筑风格兼容并蓄，呈新兴与传统交融之势。

一、地域文化

沿海新兴文化圈的大部分地区早先直接濒海，有鱼盐之利。因"海滨广斥、盐田相望"，秦汉时期的金山就曾设县有海盐县治。南宋年间，华亭县就在沿海地带设置了浦东、袁埠、青村、下沙、南跄五大盐场。宋末至元代，下沙镇是两浙都转盐运使司松江分司的所在地，管辖吴淞江以北的江湾、大门、南跄、黄姚、清浦及吴淞江以南的青墩、下沙、袁浦、浦东等盐场，地域覆盖今奉贤、浦东、宝山的沿海地带。因海岸线东移，盐场盐灶不断向海推进，逐渐成为内陆的地区则开始种植棉花。光绪《金山县志》中就有"南乡畏旱，多种木棉；邑北邻泖浦，本号水乡，民多以渔为业"；"近海柴荡，明初为灶户煎盐之资，名曰灶田"。随着新的大盐场不断东移，新场逐渐取代下沙，成了盐民居住和交换商品的中心。至明朝，两浙盐运使司松江分司也从下沙南迁至新场。

当时的制盐方法是通过"煮海熬波"方式获得的，即先开河引潮，然后运卤入团、上拌煮炼、捞撇晒（图3-4-1）。

为引潮晒盐，经过几代人的努力，盐民们在浦东的沿海地带开挖出了无数条东西向引潮沟漕，并从中解盐、煮盐（图3-4-2、图3-4-3），久而久之，由于与盐灶相通，这些沟漕就被人们称为灶港。因当地的盐场均采取"场灶煮盐"的方式生产（图3-4-4），故灶、团（每团含两三灶）、场（每个场含数个团）历来是盐场中的基本编制单位，也是沿海岸线地区许多地区的地名（图3-4-5）。如明代下沙盐场下设三场十团，自南向北分别为一团（今大团）、二团（今三墩

图3-4-1 元代《熬波图》

图3-4-2 解盐（引自宋代苏颂《图经本草》）

图3-4-3 煮盐（引自宋代苏颂《图经本草》）

图3-4-4 场灶煮盐（引自《开工天物》）

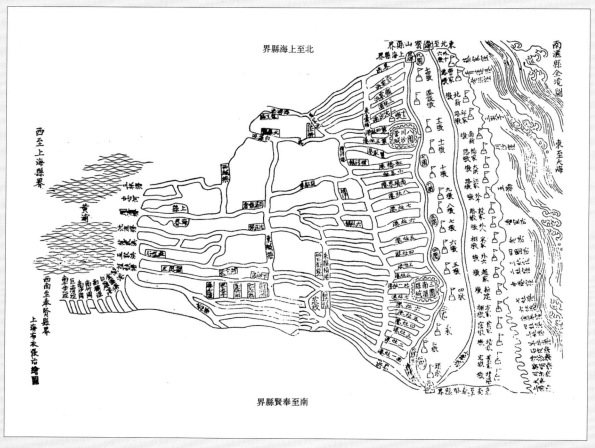

图3-4-5 《分建南汇县志》南汇县全境图

地区)、三团（今惠南、老港地区）、四团（今盐仓地区）、五团（民国时期称为五团乡，今祝桥镇）、六团（原川沙县六团乡、施湾乡）、七团（原川沙县江镇）、八团（原川沙县）、九团（原川沙县），南北延续约50公里。团以下设灶，分布密集。清末实行城乡自治，原盐场的团灶相应地改设为乡建制，如大团乡（一团地）、二团乡、城东乡（三团地）、四团乡、五团乡、六团乡、七团乡等（图3-4-6）。

由于地质原因，沿海岸线地区大多种植棉花，故纺织业也较发达。《分建南汇县志》中记载："元时，有道婆黄姓者，系上海乌泥泾人，沦落崖州，州多种木棉，善纺织。贞元中，黄附海舶归，因以是艺传，里中竞相仿效，遂遍江郊，而木棉种至今。"受黄道婆的影响，浦东地区的棉纺织业不断发展，其中三林塘、周浦等地出产的"标布"，新场、下沙等地出产的"扣布"较为有名，民间也有"收不尽的魏塘纱，买不尽的三林布"的说法。

二、村镇肌理

盐业的兴起，带动了沿海岸线地带村镇发展。制盐、煮盐、贮盐、运盐等产业带动了一大批村落和新市镇的形成和崛起，并初步奠定今日浦东南部各集镇的基本格局。北宋熙宁七年（1074），周浦地区建立浦东盐仓后，数量巨大的海盐在这里集散，集市越来越大，渐成当时"浦东第一大镇"；航头一带在五代后梁开平年间兴建盐场，元代也成为海盐的集散地；新场在8世纪至10世纪成陆后，有零星盐场，盐民逐渐聚集。至11世纪，盐场成为盐业监管之地，村落变为市集。12世纪，由于海岸线迅速向东和东南方向推进，盐场也随之不断扩展，两浙盐运司署迁置新场，许多富商巨贾纷纷定居于此，市面渐趋繁荣，遂成为镇；下沙盐场在元代就以地域广、灶户多、煮盐技术高超而著称。元代下沙使陈椿编制的《熬波图》，是一本煮海制盐的图解书，全书有图52幅（今存47幅），每幅配以说明文字，并附诗一首，以图、文、诗并茂的形式，介绍制盐生产工艺。

当时的上海地区，从东部岸线至南部岸线盐场密布，为了保护其中的一些重要集镇免受海盗侵扰，如青村所城（奉城）、南汇所城等。建于明嘉靖年间的川沙堡城，原来也是一座盐商集镇，被称为八团。在明初，八团一带还

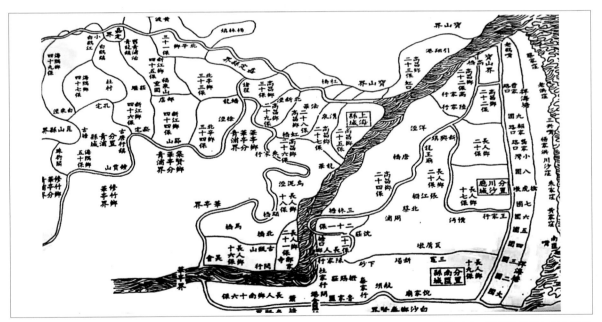

图3-4-6　明嘉靖年间上海全境图

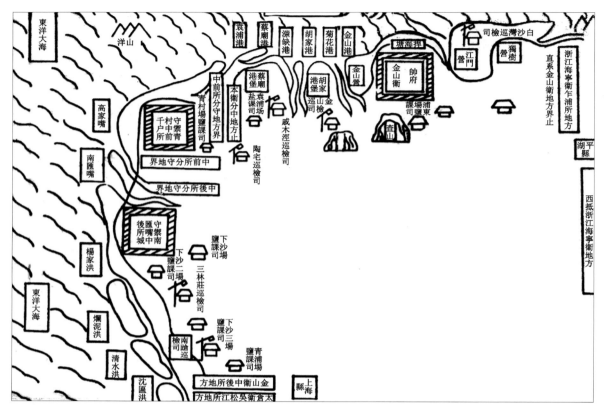

图3-4-7　明代沿海盐场分布图

是沿海滩地。这些滩涂地带有洼地可以泊船，犹以八团镇所在的川沙洼最深最宽，可供商船直达八团老护塘脚下。因川沙洼之便，八团在明万历年间逐渐崛起，成为盐商云集、帆樯林立的大镇（图3-4-7）。

由于不同的历史成因及水系分布特征的影响，沿海新兴文化圈的村镇空间分布呈现出不同模式的特点。就村镇空间布局类型来说，有出于军事用途建造的所城及井字形街巷构成的大规模城镇，如南汇县城（图3-4-8）、川沙堡城（图3-4-9）；有街巷住宅沿弯曲河道两岸 分布且自然舒展空间肌理的带状集镇，如航头下沙（图3-4-10）、奉贤庄行（图3-4-11），也有街巷布局沿河道一字排开且形式整齐规一的线形村落，如六灶古镇（图3-4-12）等。

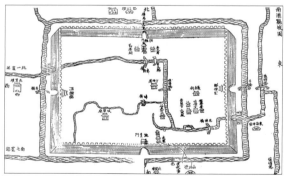

图3-4-8　南汇县城图

三、建筑特征

沿海新兴文化圈的民居单元形态、街巷特征与江南其他地区有相似之处，但因受历史上的盐商文化影响，有些

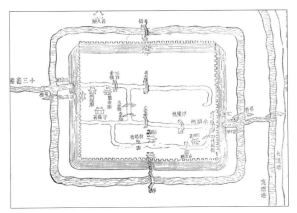
图3-4-9　川沙堡城图

民宅的空间单元比较独特,呈"街—宅—河—园"空间格局;浦东、奉贤等区,绞圈房子的案例也不少,甚至还有两层绞圈房子的遗存;因受外来文化辐射较多,浦东中北部的高桥、川沙等地,民居建筑杂糅中西元素,具混合特征的混合式民居较多;浦东、奉贤等区的民居,横向延伸的单层大屋较多,其屋顶常见分段而设的垂脊(图3-4-13)。

(一)"街—宅—河—园"院落民居

在新场古镇完好地保存着数十处具"街—宅—河—园"空间格局的民居院落,它们一般以前院一层为面向主街的商铺,中间布置两至三进居住院落,后宅临水,便

图3-4-10　航头下沙

图3-4-11　奉贤庄行南桥塘

图3-4-12　六灶古镇

图3-4-13　横向延伸的单层大屋（奉贤民居）

图3-4-14　新场王和生宅、郑生官宅

图3-4-15 临河的马鞍形水桥

图3-4-16 周浦旗杆村平桥顾家宅

于货物运输与仓储,小河对岸则是可供耕种赏玩的私家宅院。如新场王和生宅、郑生官宅(图3-4-14)一面临街,一面依水,前街后河,前店后宅,兼顾生产、生活。通常其临河的一面还设有马鞍形水桥(图3-4-15)。

(二)绞圈房子

因本区域大部濒海,台风侵袭频繁。檐口低矮、屋顶绞圈相连的绞圈房子结构整体性较强,有利于抵抗台风,颇得乡村居民喜爱,因此上海传统的绞圈房子在浦东一带比较常见,如周浦旗杆村平桥顾家宅(图3-4-16)、新场仁义村金沈家宅(图3-4-17)、艾氏民宅等。其中艾氏民宅由东、西两座合院构成,是上海典型的双绞圈房子(图3-4-18),其东庭心稍大,正厅设为客厅,东西向设厢房,转角处的空间为厨房、灶间,东、西两庭心之间的过道间早期设有仪门,庭心内铺设青砖,有水井、绿植,生活气息浓郁(图3-4-19)。

图3-4-17 新场仁义村金沈家宅

奉贤现存的绞圈房子较少,但从四团三圣庵(图3-4-20)、三团华根堂宅(图3-4-21)的现状来推测,其最初也为四面围合的绞圈房子,且后者是较为罕见的二层绞圈房子。

(三)混合式民居

沿海新兴文化圈的民居受海外文化的影响,较多中西元素的杂糅。如高桥仰贤堂(图3-4-22),虽有江南民居的临水形态,但其山墙面的西式山花、外露的壁炉烟囱和阳

图3-4-18 艾氏民宅外观

台栏杆则彰显了其中西融合；川沙陶桂松宅（图3-4-23）内，中式门头与西式柱式杂糅相处，风格混合。

（四）细部构造

沿海新兴文化圈的民居多横向延伸的双坡大屋，其面宽为五开间及以上，屋面常有垂脊将屋顶分为数段（分段垂脊）。如青村张炳官宅为二坡五开间合院民居，其屋顶有四道垂脊将屋面分为三段（图3-4-24）；奉城张慧钧宅现仅存一坡，建筑达七开间，屋面也有数道垂脊（图3-4-25）。

图3-4-19　艾氏民宅内院

图3-4-20　奉贤四团三圣庵

图3-4-21　奉贤三团华根堂宅

图3-4-22　高桥仰贤堂

图3-4-23　川沙陶桂松宅

图3-4-24　奉贤青村张炳官宅

图3-4-25　奉贤奉城张惠钧宅

第五节 沙岛文化圈

以崇明、长兴、横沙等岛组成的沙岛文化圈是上海四个文化圈中成陆最晚的区域。区域内最早的沙岛（东沙）出现于唐武德年间，后又相继出现了姚刘沙岛、三沙、西沙、平洋沙等岛。因江流冲刷，早期沙岛时有涨塌，县治所也历经五迁六建。至明末清初，各沙基本连接成大岛，地域基本稳定下来，并确定县治于今城桥镇（图3-5-1）。

历史上崇明的行政建制变化较多（表3-5-1），其最初守江北的通州、扬州路辖制，明以后又先后隶属江南的苏州府（图3-5-2）、太仓州。地理位置上的相对独立，决定了崇明地区的文化较为独特，兼受北方文化和江南文化影响，其村镇建筑既与苏北一带做法有相似之处，又受苏南平江府江南匠作体系的影响。

崇明是由泥沙堆积形成的沙岛，为抵御江流侵蚀，崇明地区在发展过程中广筑官坝，逐步稳固土地，以保护堤岸及岛上围垦的耕地。因岛民围垦而成的岛中耕地日益扩大，外来移民逐渐被吸引上岛。初期岛民多自周边移民，据记载主要来自江苏句容及江北一带。随着耕地面积的扩大，岛上各地外来移民的数量也迅速增长，自唐至清代，岛上人口扩大近10倍。

明末清初以来，岛屿面积开始稳定，岛内农业及手工业逐渐兴盛，推动了城镇的兴起。自明万历年于崇明岛南设立官渡起，崇明地区与南方嘉定、太仓等地往来日渐频繁，结合县城和堡镇两大官渡形成了较大规模的集镇。至清初，已形成庙镇、平安、盘浃、沈家、虹桥、浜镇、蟠龙、谢家、二条竖河、新开河、南新、堡镇、浏村、米行、七浃、五浃等镇，至乾隆又有三星、三和、彷徨、向化、四浃、八浃、界牌等镇逐渐兴起（图3-5-3）。

一、地域文化

崇明岛最初的居民来自淮浙和江南句容一带。先后隶江北通州、扬州，江南苏州、太仓，并几度隶属上海市，地域文化兼受各地影响。明正德《崇明县志》记载，本地居民多"士习诗书，农知力穑，俗尚质俭，不事华丽"。虽当地地瘠民贫，但民众勤劳朴实，不肯放弃可耕种的寸土，并勤于纺织。民间崇尚文化，尊重科举，民风淳朴。岛上家庭到上海、江北等地谋生的人不少，清末还有人到东西方各国留学。

崇明土壤母质系江海沉淀物，盐渍化程度较高，大部分耕地呈偏碱性，适合种植耐碱的棉花，仅在岛内西部，因距海较远，土壤易改良，可局部种植水稻，且因大风潮水，存活率不高。据乾隆《崇明县志》记载，"崇邑地卑斥卤，不宜五谷，但利木棉，故种五谷者十之三，种木棉者十之七，兼以水旱不时，风潮告变，所谓十之三亦无有矣"。后虽耕地日益增多，但因作物多以木棉为主，粮食种植土地有限，仍为缺粮区，遂采取棉、稻、麦、玉米轮作的形式（图3-5-4）。

因木棉的大量种植，崇明当地的纺织业迅速兴起。许多种植棉花的家庭，都置纺车纺机于家中，以纺织土布为业。因崇明土布质量高，曾销往东北、福建等地。

二、村镇肌理

崇明岛对外交通皆为水路。迁治之后向无官渡。直

朝代	年号	名称	治所	隶属
五代初		崇明镇	西沙	无考
宋	嘉定十五年	天赐盐场	三沙	通州
元	至元十四年	崇明州	姚刘沙	扬州路
明	洪武二年	崇明县	姚刘沙	扬州路
	洪武八年	崇明县	姚刘沙	苏州府
	弘治十年	崇明县	姚刘沙	苏州府，兼隶太仓州
清	雍正二年	崇明县	长沙（今城桥镇）	太仓州
	宣统三年	崇明县	城桥镇	江苏省
民国	三年	崇明县	城桥镇	6月隶沪海道
	十六年	崇明县	城桥镇	江苏省
	二十二年	崇明县	城桥镇	江苏省第七区
	二十三年	崇明县	城桥镇	江苏省第四区
	二十八年	崇明特别区公署	城桥镇	上海特别市
	三十四年	崇明县	城桥镇	江苏省
	三十五年	崇明县	城桥镇	江苏省第四区（南通、12月9日后改隶第二区（松江）

表3-5-1 历史上崇明行政建制变化表

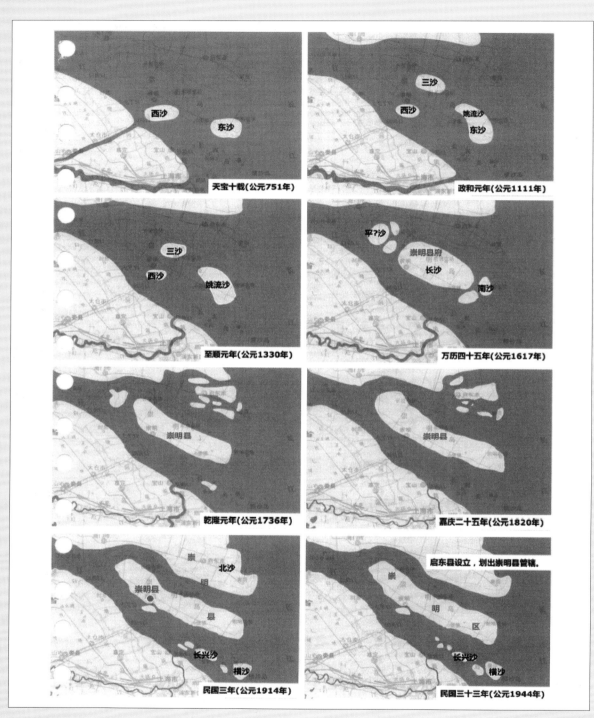

图3-5-1 沙岛城桥镇

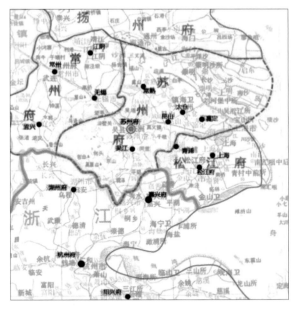

图3-5-2　明清时期的苏州府（含嘉定、宝山、崇明）

图3-5-3　清康熙崇明各沙图（来源：清康熙《崇明县志》）

至明万历三十一年（1603），知县张世臣设官渡，一自施翘河至太仓南关，名曰长渡；一自南洪至浏河口，名曰短渡。另有双港，至北侧山前沙及大安沙；新开河、当

沙头港、二滧诸港联系吴淞江（图3-5-5）。官渡之外，邑内各沙皆有民渡，且与长江南北皆有通航。至民国初年，岛南诸港除相互连通外，多与上海吴淞口通航，名曰崇沪航线。岛北诸港未设官方航线。可见，崇明岛南虽一直备受海潮冲刷，岛北逐步沉积扩张，但是相对而言，前者与江南的政治、经济、文化交往更为密集。从后期航拍肌理中也可印证，岛南集镇相对集中成带，岛中区域以田宅结合的村落为主，岛北农田比例更高（图3-5-6）。

崇明岛与其南北皆有通航。因往来沙岛南方的交通比较繁忙，崇明岛南岸码头林立，集镇规模逐渐扩大，并集聚成西北端城桥镇和东南端堡镇两大港口（图3-5-7）。而岛的中部、北部区域，则以大量农田为主，间或会有一些田宅结合的村落布局。基于农耕生产的需要和对水患的防治，岛民对岛内土地通过"套圩"造田，筑堤挖渠的方式，改善水文情况。

目前崇明城桥镇历史较为悠久，自16世纪筑城设为崇明县治以来已400余年，崇明岛北的草棚村分布有江北风格近似的建筑特点及旧时商业建筑特征，岛上其他村民房屋也有部分反映鲜明的地域、时代特色和历史感。

三、建筑特征

崇明地区自成陆起，移民自四方而来，岛内文化融合，建筑形式兼具南北建筑特点。因建筑材料的短缺，岛上的居民最初是用随手可得的芦苇、水草搭建低矮的"环洞舍"；基于抵御水患、倭寇袭扰的原因，岛上的院落大宅多以水沟环绕，形成独特的"宅沟院宅"；为方便纺织机具的搬运，许多传统民居会有"一窗一阖"的做法。岛屿自然地理条件、生产方式等多因素影响下的崇明传统民居，有着很强的因地制宜的特点，具质朴的乡土建筑特色。

（一）宅沟院宅

因沙岛初始地理环境恶劣，为改土治水、抵御江流水患，崇明地区在发展过程中广筑沟渠、水闸，以稳固土

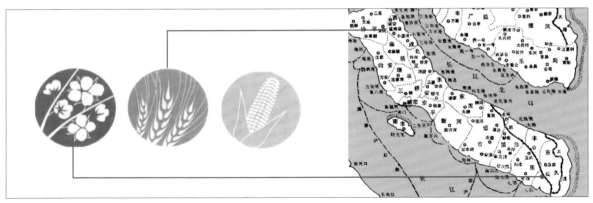

图3-5-4 崇明农业种植分布

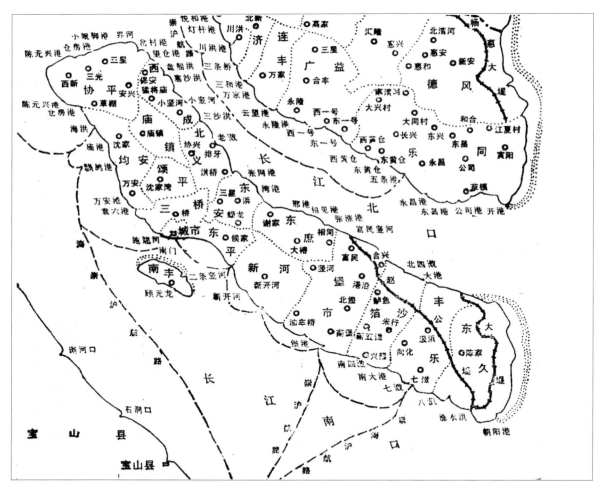

图3-5-5 民国初年崇明全境图

城桥镇（南门港）(旧县治所在，原建有城墙，集镇格局依城墙轮廓成四方形）

堡镇（原崇明官方渡口之一，交通来往频繁集镇格局呈现出强调交通的沿路发展形势）

图3-5-6　1970年航拍图

图3-5-7　20世纪70年代卫星图

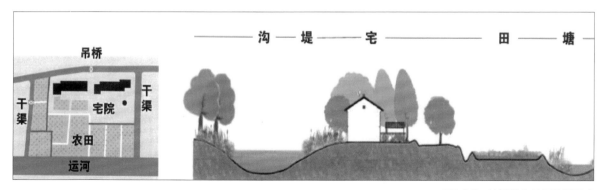

图3-5-8　沙洲特色民居格局示意

地、避免朝田夕没的水文灾害；另外，对于曾作为罪犯流放地、不时遭受倭寇袭扰的崇明而言，开挖河沟高筑土坝，为民居组团提供类似护城河的防护也非常需要。因此，许多崇明地区的院落大宅以四周环绕的宅沟为边界，形成"沟—堤—宅—田—塘"的沙洲民居空间形态(图3-5-8)。

挖掘宅沟体现了传统农耕文化的智慧，因为挖沟的土方正好可被用来垫高宅基地，宅沟中可养鱼鸭，宅沟中的水可供饮用、洗涤、灌溉，还能被用作失火时的消防用水。如宅沟成四周环绕之态，则被称为"四汀宅沟"。宅前沟上一般会有吊桥，晚上吊起吊桥后，外人难以进入。

崇明典型的宅沟大院为"三埭两场心四厅头宅沟式民居"。在三埭房屋中，前埭房屋通常为倒座，平时用来堆放什物；第二埭房屋坐北朝南，中间为厅，两边一般用作书房，头埭和二埭之间的侧厢屋，则多为杂房或帮佣的房间，头埭和中间的场心叫外场心；三埭（后埭）一般为内宅，是宅主和家眷的居住活动用房，二埭和三埭之间的院落为内场心。

二埭厅堂进入到内场心，它是"三埭两场心四厅头宅沟"民居建筑中的内宅，宅主和其家眷都居住在后埭和两侧的厢房内。除女佣和亲友中的女性外，男性客人和男佣是不能随便进入的。

崇明现存的堡镇财贸村倪葆生宅为四埭四场心宅沟民宅（图3-5-9），其宅院总面阔有23米，总进深达60.5米，除倒座外，另有三进正房。正房与各厢房间围合成大小共四个场心。北、东、西三面现在仍有宅沟环绕（图3-5-10）。

（二）环洞舍

环洞舍应该是沙岛特有的一种简陋民居，它由滩涂岸边随处可见的芦苇弯折而成，表面覆以苇叶、水草，洞舍一边封以芦苇编成的篱笆，一边以芦芭为门，高仅1米多，使用者需弯腰进入。由芦苇搭建而成的环洞舍就地取材，且结构合理、搭建方便，对于没有高大树木，缺少建房木料的崇明来说，非常合理，是岛上早期移民的庇护所（图3-5-11）。

（三）细部构造

崇明民居的细部构造，反映出沙岛文化圈的传统民居既有江南民居的风格，也有北方民居的影子，呈南北交融之态。如横沙岛丰乐镇的传统民居（图3-5-12）、堡镇财贸村倪葆生宅，都有着江南民居常见的观音兜山墙，柔美秀气；而从堡镇倪葆生宅的屋顶做法中，又可发现其与北方民居的相似之处，即正埭房屋与两侧厢房的屋面并不连通，呈相互独立的关系，这显然与江南合院民居的屋面相连有着明显的差异。

崇明传统民居中，最突出的构造特征为"一窗一闼"。因棉花种植广泛，家庭纺织在各地村镇较为普遍，几乎每家每户都有纺织土布的需求。为解决机身庞大的布机搬运问题，崇明的匠人创造了既区别于"门"又有别于"户"的"一窗一闼"(图3-5-13)，即在门框中间立一可以拆卸的立柱，在柱的一边置一单门，另一边的上半部分装"窗"、下半部分置一"闼"。这个"窗"既可开启又可关闭，"闼"一边固定在立柱上、一边固定在门框上，需要时可打开。在日常生活中，这"一窗一闼"的"窗"白天和另一边的门一同开启，夜晚又和门一样闩上门闩关闭；要是遇上雨天，可闭上一旁的门，在另一旁下部的"闼"关闭时，照常开启上面的"窗"，不误光线射入。如需移出家中布机，则把立柱拆卸下来，把"一窗一闼"下面的"闼"取走，在两扇单门宽度的门框内，可以自如地把布机搬出。

图3-5-9　崇明堡镇倪葆生宅

图3-5-10　崇明堡镇倪葆生宅

图3-5-11　环洞舍

图3-5-12　横沙岛丰乐镇传统民居

可拆落

可拆落

日常通行宽度

拆卸后的通行宽度

图3-5-13 "一窗一阖"示意图

第四章 上海乡村传统建筑元素提炼

对上海地区四个建筑文化圈的梳理，使我们对上海乡村传统建筑的特征及其成因有了更深入的了解。因地理位置、建置沿革的不同，四个文化圈的传统建筑有共性，也有着各自的细微差异。整体来看，上海地区的乡村传统建筑身处江南的江海交汇地带，承继了传统江南匠作体系的底蕴，兼受商贸发达、人稠地隘、五方杂处、中西交融等环境条件因素影响，在空间肌理、色彩材质、屋面立面、构造工法、匠作装饰等元素上有着鲜明的沪地特征。

第一节 空间肌理

一、河街相依

伴水而栖，因水成街；

河街相随，生产生活。

"以水为骨"的水乡民居多伴水而栖、枕水而居，有着很好的亲水形态：在形体组织上，临水民居多面河跌落，有着亲水的体量，如朱家角西湖街 63、65、67 号宅（图4-1-1）及练塘市河沿岸民宅（图4-1-2）、七宝蒲汇塘沿岸民居（图4-1-3）；在濒水界面处理上，或凌

图4-1-1 朱家角西沿河民宅

空于水面之上（图4-1-4），或立于石头驳岸之上，紧贴水岸（图4-1-5），或以河埠头、水桥等接河（图4-1-6、图4-1-7），开门见河，极具生活便利性。有些沿河民居兼具上述几个要素：临水有跌落的披屋、尺度宜人的河埠头、开敞的阳台（图4-1-8），空间极具亲水性。

在水乡村镇中，河道是货物、人员运输的通道，是重要的资源。伴水而栖的水乡村镇"因水成街，河街相依"，沿河布置连通的街道（或廊道）形成"水街"。如金山枫泾市河两侧的沿河长廊，直接依托水系，布置

图4-1-2 练塘市河沿岸民宅

图4-1-3 七宝蒲汇塘沿岸民居（1980年）

图4-1-4 凌空于水面上的民宅（枫泾南栅）

图4-1-5 紧贴水岸的枫泾民居

"餐、茶、酒、宿"等商业功能,河街相随,商业气氛盎然(图4-1-9),沿市河展开的枫泾民居,也多呈前店后宅的空间模式(图4-1-10);从青浦金泽上塘街、下塘街沿河

民居的剖面形态来看,其面河也多呈前店后宅的空间关系(图4-1-11)。

有的村镇则使民居一面临水,一面临街。临水的一面

图4-1-6　枫泾市河沿岸的河埠头

图4-1-8　临河民居

图4-1-7　开门见河的民居(枫泾)

图4-1-9　枫泾镇的沿河长廊

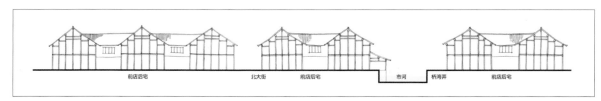

图4-1-10　前店后宅的空间模式(金山)

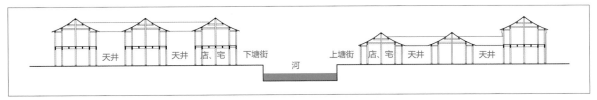

图4-1-11　青浦金泽上塘街、下塘街沿河民居剖面

图4-1-12　朱家角的"水街"

有自备的码头、埠头或水桥，可供船只停靠，临街的一面则可供店肆营业。如青浦朱家角镇北大街、东井街沿线的民居伴水逶迤，一面临河，呈"开门见河，出门动橹"的典型风貌（图4-1-12），另一面则紧邻商家林立的"陆街"，呈熙熙攘攘之态（图4-1-13）。

水路与陆路交织，伴河的"水街"与背河的"陆街"共同构成了村镇空间系统的骨架，是人们组织生活、交通的主要脉络。在不同水系村镇里，"水街"与"陆街"的主次会有所不同。以水街为主的村镇，其建筑背后的陆上街巷一般比较狭窄，只用作背巷；而以"陆街"为商业主街的村镇，建筑背后的临水面一般比较私密，只设供私人使用的河埠头、水桥等。如独具

传统盐商文化特征的新场传统民居以"街—宅—河—园"为空间层次，面街设商铺，中间布置两至三进居住院落，后宅临水，设马鞍形水桥以供船舶停靠，便于货物运输（图4-1-14），其前街后河、前店后宅的模式亦商亦儒，既富有江南水乡特色，又独具传统盐商文化之特征。

许多沿河大宅还在面河处设有专门的下岸房，以方便从水路进出。如青浦练塘前进街42号宅在临河一侧设有下岸房，一条巷弄连接水埠、下岸房、首埭屋和天井，直达后埭主屋（图4-1-15）；青浦金泽许家厅则有着一条完整的轴线，联系金泽塘—水埠—下岸房—门厅—前厅-大厅—后宅—后河（图4-1-16），颇有特点。

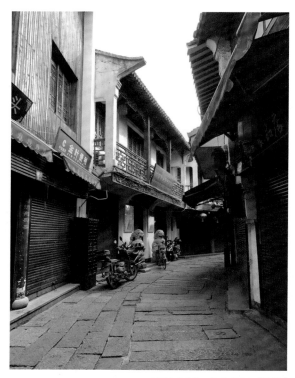

图4-1-13 朱家角的"陆街"

图4-1-14 后宅临水并设马鞍形水桥新场盐商民宅

二、院宅相生

院宅相生，庭心为眼；
狭弄窄巷，绞圈连环。

与江南各地的传统民居相似，上海水乡民居的群体组织也常以院落为核心（图4-1-17）。在上海地区，这些院落被称作"天井"或"庭心"。它们可大可小——大的可容纳家庭活动，供晾晒物品，小的可满足采光通风，最小的天井甚至被称为"蟹眼天井"。庭心、天井就像建筑群落的"眼"，有了它，建筑群可以蔓延、叠加（图4-1-18）。

院落的形成可以是三面围合，也可以是四面围合。如松江新源五村古场146号（图3-2-18）和宝山罗泾洋桥村方何家宅18号民居（图4-1-19）皆为一正两厢的三合院，前者厢房在正埭北侧，后者厢房在正埭南侧；四合院落可以是"一正两厢"民宅带院墙围合而成，也可以是四周绞圈的"绞圈房子"，如闵行浦江镇革新村宁俭堂（图4-1-20）即为"一正两厢"带院墙的四合院，闵行浦江镇杜行跃进村的赵家宅院就是一座典型的一绞圈民宅（图4-1-21），其面南的两埭为五开间，东、西厢房各两间。

绞圈房子是一种极具传统江南民居的特色的合院式民居，其围绕"庭心"而成的屋顶呈45°"绞圈"。通常庭心并不太大，可供人们晒洗衣物、晾晒果蔬、乘凉歇息，容纳了一家人的户外活动。庭心四周的建筑，集约，紧凑。绞圈房子的空间组织灵活，可根据环境条件，或东西相拼，或南北相叠，连环生长。如浦东艾氏民宅（图4-1-22）由东、西两座合院构成，是上海典型的双绞圈房子。两个并列的庭心分别为80平方米、60平方米。东庭心稍大，正厅设为客厅，厅内高悬写于宣统初年的匾额"恒心堂"。庭心四周的房子均为单层，南北向对称布置厅堂、起居室，东西向设厢房，转角处的空间为厨房、灶间，东、西两庭心之间的过道间早期设有仪门。艾氏民宅的空间组织极其合理、有效。不大的庭心内铺设青砖，有水井、绿植，生活气息浓郁（图4-1-23），四周的厅堂、起居室之间开设多扇房门，既能相互联通，又可各自独立使用，颇为适合大家庭数代同堂的生活方式。

上海乡村也有少数纵、横方向都有数进院落的江南大宅，如位于浦江镇革新村的梅园是一座拥有三进三落的大宅院，其建筑群沿中轴对称，纵向有三进院落、横向

巷弄 前进街 过道 河

图4-1-15 青浦练塘前进街42号宅

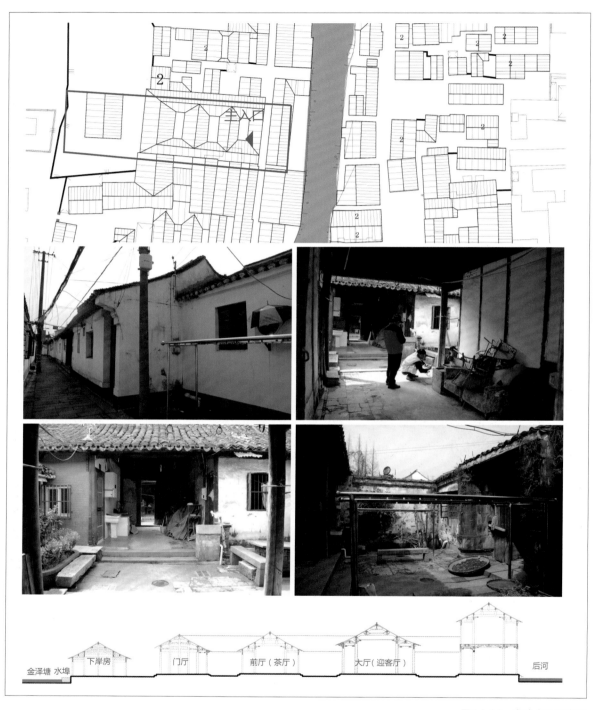

金泽塘 水埠　　下岸房　　门厅　　前厅（茶厅）　　大厅（迎客厅）　　后河

图4-1-16　青浦金泽许家厅

有三套大宅院,规模较大(图4-1-24)。

江南民居中,院弄结合是民居建筑群组合串联的重要特征。"弄"可以是房子之间的窄弄,也可以是民宅之内数进建筑之间的联系通道。在苏州民居中,为了分开主、仆活动流线,或出于防火需求,一些大型宅邸常常在不同院落之间设置夹弄或备弄的现象比较常见;而在上海水乡传统村落中,虽然拥有备弄的大型宅第较为少见,但是串联各个民居单体的宅弄比较常见,而且有许多狭

图4-1-17 枫泾南大街民居

图4-1-18 枫泾友好下塘街

图4-1-19 宝山洋桥村方何家宅

图4-1-20 浦江镇革新村宁俭堂

图4-1-21 浦江镇杜行跃进村赵家宅院

图4-1-22　浦东艾氏民宅外观

图4-1-23　浦东艾氏民宅内院

图4-1-24　浦江镇革新村梅园

弄会穿越建筑，如朱泾陈宅（图4-1-25）、枫泾北大街石宅（图4-1-26）、枫泾毕宅（图4-1-27）等。

三、紧凑灵活

紧凑实用，格局灵活；

有机生长，顺应环境。

上海地区长期以来人稠地隘、用地紧张，村镇民居的布局多格局灵活、追求紧凑，不拘于轴线对称。民居之间的院落形状较为自由，完全顺应地形。民居建筑的设置也多因地制宜、见缝插针（图4-1-28）。上海水乡村镇民居群落的扩展也较为有机，它们或沿水系延伸，或以院落叠加为空间逻辑，兼顾生产、生活，灵活设置建筑、院落、晒场、菜地、花园花圃等，与自然环境的关系较为和谐。

为了节地，上海乡村多联排长屋和二层合院。联排长屋的占地进深较小，造价经济，在奉贤村镇较为常见（图4-1-29），在上海的其他地区（如青浦金泽）也有出现（图4-1-30）；二层合院有三合院的，如崇明陆公义宅（图4-1-31），也有四面围合的，如枫泾叶鞠挺宅（图4-1-32）和宝山罗店唐家弄42号（图4-1-33）、金山张堰陈宅（图4-1-34），其中枫泾叶鞠挺宅由一座二层三合院和一层后堁围合而成，宝山罗店唐家弄42号和张堰陈宅皆为二层单院建筑。二层合院民居可呈纵向多进组合的，如宝山罗店敦友堂（图4-1-35），也可呈横向联排，如枫泾正慧弄民宅（图4-1-36）。

二层院宅的内院可有不同的大小，如张堰陈宅、姚宅（图4-1-37）庭院宽大、开敞，金山朱泾陈宅、枫泾毕宅（图4-1-38）则狭窄、紧凑。考究的二层院宅会沿内院设环通的二层外廊，形成走马廊，如张堰陈宅（图4-1-39）。

根据用地的大小、形状，许多乡镇民居采取临街面小、进深大的布局，院落、建筑空间契合地形。如青浦朱家角王剑三宅（图4-1-40）、赖嵩兰宅（图4-1-41）沿街面都较小，由多进院落形成的进深则可长达五六十米，整个宅院面阔成前小后大的状态，且建筑、花园形态结合基地形状。

图4-1-25　朱泾陈宅

图4-1-26　枫泾北大街石宅

图4-1-27　枫泾毕宅

图 4-1-28　见缝插针的奉贤胡桥民居

图 4-1-29 奉贤联排长屋

图 4-1-30 青浦金泽联排长屋

图 4-1-31 崇明陆公义宅

图 4-1-32　枫泾叶鞠挺宅

图 4-1-33　宝山罗店唐家弄 42 号

图 4-1-34　金山张堰陈宅

图 4-1-35　宝山敦友堂

图 4-1-36　枫泾正慧弄民宅

图 4-1-37　金山张堰陈宅、姚宅

图 4-1-38　朱泾陈宅、枫泾毕宅

图 4-1-39　二层外廊（张堰陈宅）

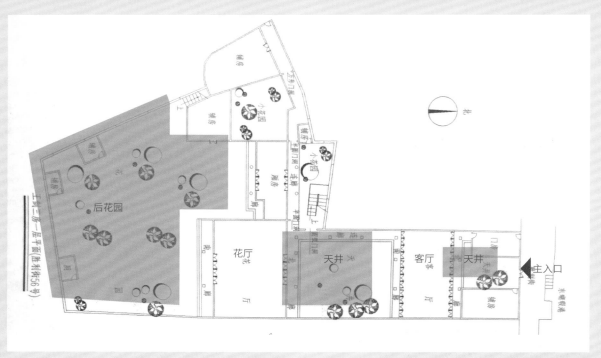

图 4-1-40 青浦朱家角王剑三宅

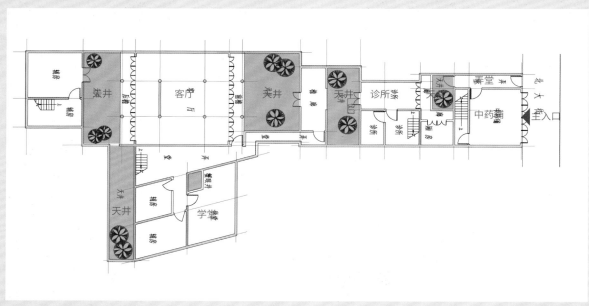

图 4-1-41 青浦朱家角赖嵩兰宅

第二节 色彩材质

　　上海水乡传统民居的用材离不开木料、砖瓦,木料用来建构房子的帖、屋架,青砖、青瓦被用作墙体、屋顶材料。因上海本地木材产出很少,上海地区的木料多由水路运输而来,它们可以是来自江西的西木,可以是来自福建的建木,也可以是来自湖广的广木。立帖柱下的磉石、鼓磴多采用金山石、焦山石,它们采自苏州附近的金山、焦山,质地坚硬,台阶、栏杆的石料多为来自吴县的青石。总体上来看,上海水乡村镇房屋建筑所用木料偏小,砖墙厚度较单薄,所用石料较少,有时还会在砖墙外覆以竹篾护墙,少见复杂的雕饰、彩绘,色彩素雅,用材质朴。

一、粉墙黛瓦

　　粉墙黛瓦,灰砖石础;

　　黑白灰调,水墨意境。

　　同江南大部分地区的传统民居一样,上海水乡民居的外墙多为小青砖墙外粉石灰,屋顶为小青瓦,门窗券楣为灰塑或砖砌,柱础、勒脚为深浅不一的灰色石材,整体色彩为白墙+黑瓦+灰色细部,呈朴素的黑、白、灰色调关系(图4-2-1、图4-2-2)。

　　在上海地区,多数民居砖墙采取下部顺砌实墙、上部砌筑空斗、外部抹纸筋石灰的做法(图4-2-3)。在砖墙外粉石灰的做法非常普遍,这既有保护墙体避免受潮的原因,也有利用白墙反光,提升环境亮度的考虑。

图 4-2-1 奉贤青村民居

上述砖作、木作、瓦作、石作在色彩上以青、黑、褐及竹木自然色、白粉墙、条石相组合,在水乡环境中格外入调,具水墨韵味,素雅质朴,同时各家的库门入口、屋脊、披檐、门窗券楣,或用花砖,或用灰塑,用石材,是立面上活泼生动的点缀(图4-2-4)。

图 4-2-2　枫泾民居

图 4-2-3　砖墙外粉石灰

图 4-2-4　库门入口

二、素木板墙

素木板墙，窗格围栏；

朴素精巧，本色质朴。

上海乡村的楼房民居，其一层墙面通常为砖墙外粉石灰，二层的南北外墙常为木龙骨外封素木板墙（图4-2-5），

七宝沿街民宅

泖港老街

青浦练塘民居

图 4-2-5　一层为砖墙二层为素木板墙的民居

或以精致的二层围栏形成阳台（图4-2-6），许多沿街的民居大多一、二层均为木板墙面，且一层多为店铺，可方便设置铺板门扇。

对于楼房民居来说，底楼用砖墙有利于防潮，适应阴雨天气较多的江南环境，上层用附着于木结构的木质板墙，自重轻，有利于出挑，方便设置通长的门窗、阳台，适合沿河、沿街时形成开放空间，且素木板墙与白墙的搭配朴素、清秀，在水面的映衬下灵动、丰富。

民居厅堂的南面多为长窗，其余几个面多为短窗（半窗）。民居中的木质长窗又被称为隔扇，其既有窗的功能，又有门的功能。长窗的形式通常是上部设棂格纹样、下部为实拼木板。木构窗扇边框之内为棂格纹样，通常有宫式纹、万字纹、海棠纹等。如枫泾石宅、枫泾油车弄民宅、章堰村162号宅、朱家角漕港滩1号等为宫式长窗（图4-2-7），枫泾毕宅为万字长窗（图4-2-8），崇明陆公义宅正房南面为海棠菱角式长窗（图4-2-9），嘉定秀野堂、娄塘继昌堂等为宫式短窗（图4-2-10），嘉定西门吴蕴初宅为书条式短窗（图4-2-11）。木构窗扇的背面可糊纸，也可嵌贝壳、蠡壳，近代以后也有嵌玻璃的。

上海郊区二层民居的木栏杆比较朴素，木雕简约，如崇明陆公义宅二层檐廊（图4-2-12），最常见的形式为宫式万川形式，如嘉定印氏住宅、娄塘篾竹弄住宅等（图4-2-13）。

图 4-2-6　二层为木围栏阳台的民居（金山吕巷镇干溪街366弄）

章堰村162号宅

朱家角漕港滩1号

枫泾石宅

图 4-2-7 宫式长窗

枫泾毕宅

图 4-2-8 万字长窗（枫泾毕宅）

崇明陆公义宅

图 4-2-9 海棠菱角式长窗

嘉定秀野堂

图 4-2-10 宫式短窗

图 4-2-11　书条式短窗

三、砖细石库

砖细仪门，石库墙门；

精工巧作，匠心氤氲。

江南民居的大门样式有繁有简。复杂的如牌科门楼，上有砖细牌科、垛头，屋面发戗，铺蝴蝶瓦，有精致的脊饰，有的砖细装饰还会延伸到院墙之上（图4-2-14）；稍简单的可以叠砌几皮飞砖形成简易的门头，如三飞砖墙门（图4-2-15）；简单的就没有门头，仅以石料或木宕为框，中间立实拼木门（图4-2-16）。

上海郊区水乡民居大多比较朴素，石库门、木宕子门较常见，少数带砖细的仪门也常常面向内院，不事声张。

图 4-2-12　木质雕花栏杆

图 4-2-13　宫式万川木栏杆

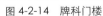

图 4-2-14　牌科门楼

图 4-2-15　三飞砖墙门

图 4-2-16　无门头石库门

第三节 屋面立面

一、连绵缓起

坡度缓起，屋面延绵；

坡面错落，轮廓丰富。

上海乡村民宅的屋顶坡度普遍为四分至六七分，即21°—25°，坡面相对较缓，山墙以双坡悬山、硬山最为常见，其他如歇山、四落撑、绞圈房子等屋顶形式也较为常见，形式丰富。村镇民居大多前后各进屋面相连，层次起伏，构成缓缓起坡、屋屋延绵的总体形态（图4-3-1）。

民居群体的屋顶轮廓线丰富，其屋面高低错落（图4-3-2、图4-3-3），一些联排长屋，屋面有分段垂脊图（图4-3-4）。

图 4-3-1 枫泾生产街鸟瞰

图 4-3-3 青村民居的轮廓线

图 4-3-2 吕巷民居（来源：《金山海派文化与吴越文化的融合》）

图 4-3-4 奉贤奉城杨六宅

二、檐挑廊出

檐挑深远，遮风避雨；

骑楼相连，临水长廊。

为应对江南的多雨气候，上海水乡村镇的传统建筑有着丰富的廊下、檐下空间。有些沿河的民宅会以骑楼相连，为沿河行走的行人提供遮风避雨的空间，以保障商业活动。如枫泾古镇的"枫溪长廊"沿市河而建，原有1000多米，沿河贯通，无论天晴下雨，都可以进行商贸交易，商业气氛、居住环境俱佳（图4-3-5）；新场古镇的洪桥港沿线也有舒适的沿河长廊（图4-3-6）；泗泾古镇的一些民宅一面临泗泾大街，另一面直抵泗泾塘，临街和临河的建筑均开设店铺或商行，临河建筑在泗泾塘沿岸做成骑楼（图4-3-7），户户相连；练塘下塘街44弄街廊为两层木结构，坐西朝东，主屋下层呈骑楼形式（图4-3-8），连接两侧道路。临河有水埠，为米粮运输提供便利。临水长廊可以是单坡，也可以是双坡（图4-3-9）。

许多沿街建筑都有出挑的街廊，既丰富了立面形体，又为过往的行人提供了庇护。如金山张堰大街（图4-3-10）、干巷镇干溪街（图4-3-11）、廊下镇山塘老街（图4-3-12）和崇明新河镇民居（图4-3-13）；许多临河建筑，则常常在底层延伸出一排屋顶，下面设置栏杆，坐凳，两者共同构成临水敞廊，如朱家角"大清邮局"（图4-3-14）；许多二层的民居多设檐廊（图4-3-15），如吕巷叶宅，朱家角东井街吴宅，浦东康桥横沔凤家厅。

图 4-3-6　新场古镇的沿河长廊

图 4-3-7　泗泾塘沿岸的骑楼空间

图 4-3-5　枫泾古镇的"枫溪长廊"

图 4-3-8　练塘下塘街 44 弄街廊的骑楼

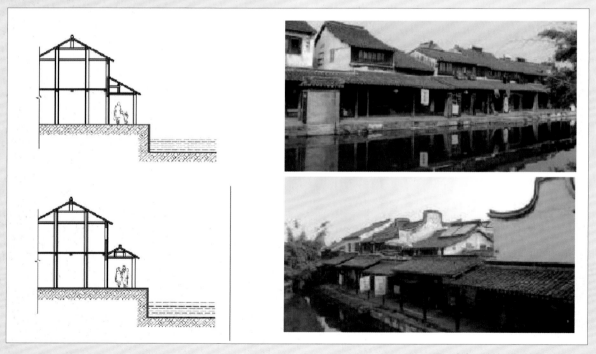

图 4-3-9　单坡、双坡的临水长廊

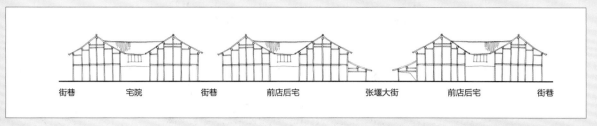

街巷　　　宅院　　　　街巷　　　前店后宅　　　张堰大街　　　前店后宅　　　街巷

图 4-3-10　金山张堰大街

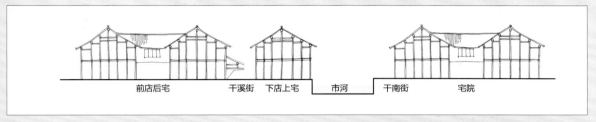

前店后宅　　　干溪街　下店上宅　市河　干南街　　　宅院

图 4-3-11　干巷镇干溪街

金山区廊下镇山塘老街

图 4-3-12　出挑街廊

朱家角大清邮局

图 4-3-13　沿街出挑的崇明新河镇民居

图 4-3-14　朱家角的临水敞廊

三、山面各异

马头山墙，大小观音；

五方杂糅，中西融合。

上海水乡村镇传统民居的山墙做法比较丰富，人字形硬山、马头墙、观音兜及吸收了西式元素的混合式山墙等都较常见。

人字形硬山（图4-3-16）在上海村镇民居中最为常见，如闵行颛桥杨家宅、嘉定娄塘民居和青浦小蒸民居；

马头墙（图4-3-17）的做法也屡见不鲜，如浦东民居五山马头墙和庄行西刁氏宅。

观音兜有大有小，且顶部或为平直，或为圆弧。如青浦小蒸三官桥街135号、奉城张惠钧宅和奉城杨六宅为顶部平直的大观音兜（图4-3-18）；如嘉定娄塘继昌堂、嘉定印氏住宅和松江新源村民居为顶部平直的小观音兜（图4-3-19）；如大团徐氏住宅、崇明陆公义宅和大团潘氏宅顶部为圆弧形的观音兜（图4-3-20）。

吕巷叶宅

朱家角东井街吴宅

浦东康桥横沔凤家厅

图 4-3-15　设置檐廊的二层民居

闵行颛桥杨家宅

嘉定娄塘民居

青浦小蒸民居

图 4-3-16　人字形硬山

浦东民居

庄行西刁氏宅

图 4-3-17　马头墙

青浦小蒸三官桥街135号

奉城张惠钧宅

奉城杨六宅

奉城杨六宅

图 4-3-18　顶部平直的大观音兜

嘉定娄塘继昌堂

嘉定印氏住宅

松江新源村民居

图 4-3-19　顶部平直的小观音兜

大团徐氏宅

崇明陆公义宅

大团潘氏宅

图 4-3-20　顶部为圆弧形的观音兜

马头墙、观音兜山墙的变形也很常见，如川沙曹氏民宅和川沙吴氏家祠为观音兜与马头墙混合变形的案例（图4-3-21）；浦东凌桥杨氏民宅为观音兜的变形的案例（图4-3-22）。

在上海乡村，还有一些具西式山花的民居（图4-3-23），如浦东高桥仰贤堂、川沙陶桂松宅、川沙南市街陈氏宅等。

图 4-3-21 观音兜与马头墙相结合的变形

图 4-3-22 观音兜的变形

图 4-3-23 具有西式山花的民居

第四节 构造工法

上海水乡村镇的传统民居多为大木小式做法，开间不大，不用斗拱、飞椽，无扶脊木、随梁枋，结点构造也较简单。

一、立帖桦接

明间抬梁，山面穿斗；

肥梁瘦柱，虚拼扁作。

无论城厢还是村镇，四个文化圈发育下的传统村镇建筑，其木构民居的结构多以立帖式为主，少数一些硬山屋顶的民居，其山墙面不设边帖木构，直接将檩条搁于山墙上，呈"硬山搁檩"之态。采用立帖式的乡村民居，其木构架用料较小，因此其"帖"大多仅采用"穿"(川)，即为穿斗式。有些民居为了显示气派，会在其明间"正帖"处采取抬梁做法，以高厚的大梁承托童柱，而山墙处的边帖仍采取穿斗式（图4-4-1），如朱家角席家厅、航头下沙老街朱家潭子、枫泾王宅皆为边帖穿斗，正贴抬梁。

不管是抬梁式还是穿斗式，立帖式民居的木构件皆采取桦接，其梁、枋、穿等构件在屋架的不同高度纵横交错，形成的空间体系结构牢固，木柱之间的砖墙（壁脚）仅为围护结构，无承重功能。以木构体系为主要承重结构的立帖式民居空间灵活、大小随宜，且有"墙倒屋不塌"的抗震效果。因立帖式结构立柱用材不大，内部空间比较高大时，会采用斜撑（图4-4-2）。

上海地区传统民居一般较注重用料经济、实在，通常这些梁柱装饰简单，仅在重要部位做少量雕饰（图4-4-3），且喜采用"肥梁瘦柱"的做法，即柱子纤细，梁檩肥厚（且多为扁作）。这种做法与木材的受力特性是匹配的，因为"凡木料，横担千，竖担万"，因此"桁宜肥，柱不妨少瘦，而擎柱担力重，宜肥且壮观……"当然在有的情况下，上部没有童柱的穿枋，为了装饰效果也会加大截面高度，以仿月梁状（或成羊角状）（图4-4-4），渲染"势高力重，人皆知之"的效果。其实，很多情况下，这些高厚的"肥梁"并不为一根大木料所成，而会由一些较小的木料拼接而成，即"虚拼扁作"。上海地区传统民居中，这种小材大用、次料巧

朱家角席家厅

航头下沙老街朱家潭子

图 4-4-1 正帖抬梁、边帖穿斗式民居

图 4-4-2 朱家角"大清邮局"

图 4-4-3 梁柱装饰

图 4-4-5 双抄单拱

图 4-4-4 月梁

金泽下塘街125号宅

用的做法比较常见，体现出其务实、追求实效的地域文化。上海乡村民宅少见斗拱，部分民居会在檐口出挑处设双抄单拱（图4-4-5），抬梁的做法一般出现在内四界、后双步（图4-4-6），一些考究的民宅多有廊轩，江南常见的船篷轩、鹤颈轩、菱角轩都有实例（图4-4-7）。

二、落厍绞圈

四落拖戗，斜椽为底；

绞圈围合，连环相套。

上海乡村的一字形独栋民宅多为落厍屋，其屋顶为四

练塘前进街42号宅

图 4-4-6 内四界抬梁

朱家角西湖街122号宅

朱家角蔡承业宅

朱家角课植园

朱家角东湖街122号宅

图 4-4-7　廊轩

阿顶,正脊有弧线,四角有拖戗,形态朴素、优美(图4-4-8)。因其檐口较低、四坡成形,抵御海风的能力较强。与浙江平湖一带的落库屋(落戗屋)不同,其木构做法更加简练,屋顶转角处不用老仔角梁,只做斜椽,脊檩自明间东西缝向两侧伸出若干豁,但不见推山(图4-4-9)。

落库屋可为单埭,也可为一埭两厢,也可呈绞圈围合。如金山朱泾镇待泾村蒋泾18 组袁宅前埭7路头,后埭9路头,成绞圈围合之态(图4-4-10)。

绞圈房子在上海地区传统民居中比较典型,其基本特征是屋顶绞圈。绞圈房子的优点很多:

其木构用料较小;因其结构整体性较好,檐口较低,建筑抗风能力强;平面紧凑,庭心四周皆布置有功能用房;根据用地形状,绞圈体系可横向或纵向延伸,环环相套,乃成一个整体。每一个绞圈中,墙门间、庭心为公共空间,其余用房皆可独立使用,适合一个大家庭居住。其承重体系以穿斗为主,而在正房与厢房相交的四个转角处,使用的四十五度转向的承重梁架,为穿斗与抬梁混合形态(图4-4-11)。

松江泗泾潘宅

松江石湖荡民宅

图 4-4-8　落库屋

图 4-4-9　木构做法（金山待泾村袁宅）

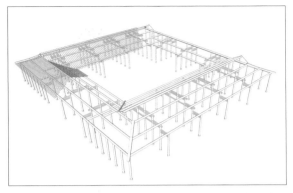

图 4-4-11　绞圈房子木构体系

图 4-4-10　绞圈围合的金山待泾村袁宅

三、阀门窗阖

半高矮挞，上部流空；

一窗一阖，半门半窗。

上海乡村民居中，半高的矮阀门较为常见，其可为单扇，也可为双扇（图4-4-12）。

阀门，亦称矮挞门，在上海乡村民居中较为常见。按照《营造法原》的表述："矮挞为窗形之门，单扇居多，装于大门及侧门处，其内再装门……其上部流空，以木条镶配花纹，下部为夹堂及裙板，隔以横头斜。上下比例约以四六分配。"

在上海嘉定地区，阀门的做法与《营造法原》中描述的略有不同。当地的阀门犹如窗扇，其扇分上下两节，下半段固定，上半扇可上翻，如半窗可通风（图4-4-13）。该做法是对"上部流空"矮挞门的地方性演绎，在相近的太仓地区亦可见到。

在上海的崇明地区，许多住宅有"一窗一阖"的做法，这也是类似的构造。因家庭纺织的发达，许多农户为解决织布机搬出的需求，在灶间门边另设一扇"窗＋可拆卸的固定扇"，即"一窗一阖"（图4-4-14）。

图 4-4-12　闼门

图 4-4-13　嘉定民居闼门

图 4-4-14　农户织布机与"一窗一阖"（崇明）

第五节　匠作装饰

　　江南民居总体上比较素雅,匠作装饰繁简有度,少见浮夸、华丽的做法。受商贸文化、士人习气影响,上海传统民居更为低调、实用,且有广纳各地元素,混合杂糅的特点。

　　因航运商贸发达,古代上海地区并不缺少商贾富户,但商人不露富的心态和沿海地区多海盗的状况,使上海地区的商户、士绅多追求实用、藏而不露的建筑做法和细部装饰。许多民居建筑从外表上看非常朴素,不事雕琢,面向内院却有华丽仪门,门窗雕镂也较节制,点到即止,非常内敛。

　　近代以后,因各地往来人员渐多,海外文化传入,上海地区的营建技艺出现了传统水木工法与现代营建技术相融合的特点。许多以江南传统木构为主体的民居会掺入西式元素,其匠作装饰呈技艺混合、风格杂糅的现象。

一、墙门仪门

　　墙门为间,仪门朝内;

　　藏而不露,繁简随宜。

　　墙门间是上海传统民居的一个特点。上海地区院落式民居的入口一般在前埭房屋的正间,即墙门间（图4-5-1）。通常墙门间的外侧为朴素的木板门,可为4—6扇,其上部为棂格纹样,下部为实拼木板,上虚下实的形态既有利于采光、通风,又具一定装饰性。墙门间的墙门可拆卸,以方便搬运较大的物件。

　　通常墙门间的内侧（面向内院的一侧）会有装饰考究的仪门,如宝山罗店的金家墙门、潘氏墙门和嘉定前门塘老宅等。当然有的墙门也开于院墙之上,墙门的外侧常为朴素的石框库门,内侧有时会有精致的仪门,如青浦练塘陆家米行（图4-5-2）。

　　上海乡村民居的仪门形态丰富、种类繁多,有设砖雕门罩、飞檐、翘角的中式仪门（图4-5-3）,也有掺杂西式装饰符号的混合式仪门（图4-5-4）,如浦锦街道陈中路某民宅的西式墙门等。

二、雅致雕镂

　　砖石木雕,深浅细刻;

　　瓦饰灰塑,朴素雅致。

　　上海地区传统建筑的装饰一般较朴素、雅致。砖、石、木雕中,木雕最为常见,一般位于梁枋（图4-5-5）、廊轩（图4-5-6）、门窗挂落（图4-5-7）、垂花吊柱（图4-5-8）

浦东康桥横沔凤家厅　　　　　　　　　　　　　　　　闵行民居

图 4-5-1　传统民宅的墙门间

宝山金家宅

嘉定钱门塘宅

青浦练塘陆家米行

图 4-5-2　墙门（间）内侧的仪门

浦东高桥凌氏民宅

图 4-5-3　中式仪门

浦锦陈中路民宅

图 4-5-4　中西混合式仪门

图 4-5-5 梁枋处的雕镂

图 4-5-6 廊轩处的雕镂

图 4-5-7 门窗 挂落

等处，并在脊檩上有风窠（图4-5-9）。屋顶山界梁上空处两旁有云板，刻流云仙鹤装饰，在梁之两旁设山雾云和抱梁云（图4-5-10），图案常为云纹、如意纹、花卉、暗八仙、人物故事等。因上海地区无山石，石雕在民居中所用不多，通常仅见于柱础装饰以及铺地排水孔等处。

砖雕、灰塑常被用作装饰仪门门头、硬山墙面、屋脊。用砖雕、灰塑装饰仪门披檐、柱头的手法多样，或仿木斗拱（图4-5-11），或仿各式木雕（图4-5-12）。屋脊、硬山墙面采用砖雕、灰塑等手法来装饰，风格灵巧而雅致（图4-5-13）。

图 4-5-8 垂花吊柱

图 4-5-9　风窠

抱梁云　山雾云　抱梁云

梁垫

脊斗六升

梁垫

图 4-5-10　山雾云和抱梁云

浦东凌氏民宅

图 4-5-11　披檐、柱头仿木斗拱

图 4-5-12　披檐、柱头仿各式木雕（青浦朱家角席家厅）

图 4-5-13　砖雕、灰塑饰屋脊

三、花砖漏窗

花砖铺地，席纹间方；

瓦花漏窗，套钱球门。

上海地区传统民居中，庭心地面铺装多以青砖，其花式以砖砌席纹（图4-5-14）、间方（图4-5-15）、普通顺纹（图4-5-16）等为主，或以砖石混砌套六方（图4-5-17）等，有时地面青砖拼成瓶升三戟（平升三级）纹样（图4-5-18）。民居室内铺装一般较朴素，或有西式印花地砖（图4-5-19）。

某些院落，会以青瓦砌筑漏窗、墙洞，其花式有球门式（图4-5-20）、套钱式（图4-5-21）、橄榄景式（图4-5-22）、书条式（图4-5-23）等，如闵行浦江镇杜行跃进村的赵家宅院，前院墙上设有连续漏窗，院内设有一圈围廊，工艺精美。

图 4-5-14　砖砌席纹（练塘下塘街 44 弄街廊）

图 4-5-19　西式印花地砖

图 4-5-15　间方（嘉定娄塘敦仪堂）

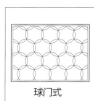

图 4-5-20　球门式漏窗

图 4-5-16　顺纹

图 4-5-21　套钱式漏窗

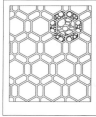

图 4-5-17　砖石混砌套六方

图 4-5-22　橄榄景式漏窗

图 4-5-18　瓶升三戟纹样

图 4-5-23　书条式漏窗

附录 上海市郊九个区调研成果

一、松江区

（一）总述

松江位于上海西南部，紧邻浙北嘉兴、平湖，处冈身以西，是上海地区成陆较早的区域。从地理形势上来看，松江地处太湖流域碟形洼地底部，其东、南部稍高，西、北部低洼，海拔3.2米以下低洼地约占全境面积2/3。境内水系为感潮水系，平均高潮位达2.69米，而西南地区部分区域海拔在2.4米左右，处于高潮位以下，易被淹没，因此习惯称为淤田。

历史上，松江大致经历了"苏松嘉一体——松嘉一体——松江独立——苏松一体——隶属上海市"的变迁过程。松江府设立于1277年，其主体为成立于751年的华亭县，是上海地区经济最早兴起、文化积淀最为深厚的地区（图松-1）。

松江自然条件优越，农业发达，历史上以生产水稻为主，兼种麦、棉、油菜等作物，后棉纺织业逐步成为本地区经济发展的重要组成部分。徐光启《农政全书》载，"棉布寸土皆有"、"织机十室必有"。明正德《松江府志》也记载，"乡村纺织，尤尚精敏，农暇之时，所出布匹，日以万计"。

松江棉纺织业的发展之初便出现"竞相作为，转货他郡"（陶宗仪《南村辍耕录》卷二十四）。松江布商深入到各县乡镇开设行庄，收购棉布，松江城乡出现了许多布市。围绕着棉纺织业，很多市镇形成了自己的特色。家庭手工业经常是每天到城镇的牙商、布商那里领取原料，在家中纺织，然后又将成品半成品交售出去。因米棉商品经济发达、专业分工明确，棉纺业从事者常需每日靠水路来往于集镇与家之间，因此松江集镇呈现小而密集的布局特征。以船为主要交通工具的特性，决定了境内"城—镇—村"沿河布局，以水系为纽带呈树状的村镇体系。

传统民居既有单埭的落厍屋，也有典型的C三合院民居及苏式高墙院落大宅，部分民居明间后退一界，形成"廊厦"。

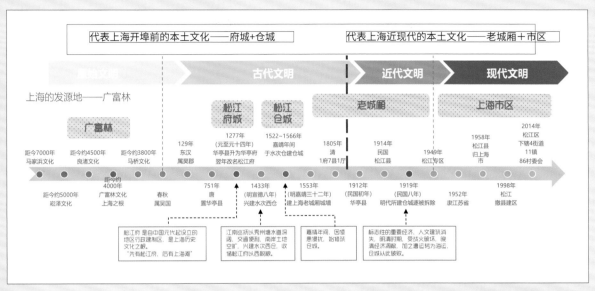

图松-1 松江历史变迁过程图

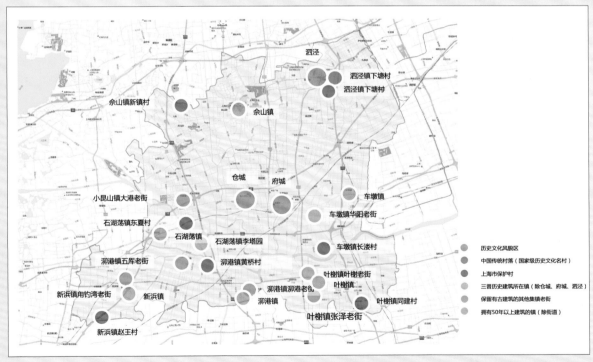

图松-2 松江古建村镇空间分布

（二）典型村镇

1. 仓城

图松-3 仓城历史建筑

2. 卯港老街

图松-4 泖港老街中大街 92 号

3. 泗泾老街

图松-5 泗泾老街历史建筑

（三）典型建筑

1. 石湖荡镇新源村五村146号

2. 叶榭镇东勤村7号

3. 石湖荡镇洙桥村216号

二、青浦区

（一）总述

　　青浦地处上海西郊，区域范围大部分均位于冈身以西，成陆较早。境内有被称为"上海第一村"的崧泽古文化遗址、福泉山文化遗址。唐天宝五年（746）境内出现了上海最早的镇治青龙镇。元至元二十九年（1292）置上海县，现青浦县境东部属上海县，西部仍属华亭县。明嘉靖二十一年（1542）析华亭县西北修竹、华亭二乡，上海县西新江、北亭、海隅三乡，置青浦县，县治青龙镇（今旧青浦镇）。嘉靖三十二年青浦废县。明万历元年（1573），复置青浦县于今青浦老城厢位置。民国二十二年（1933）青浦属江苏省第四行政督察专员公署 管辖，后改由第三行政督察专员公署管辖。此后至青浦解放，县境无变动。1958年11月青浦划归上海市管辖（图青-1）。

　　青浦区地处长江三角洲冲积平原，属太湖流域碟形水系，境内河港纵横交错，水流相互贯通，全区水域面积112.46平方公里，水网密度 3.33公里/平方公里。县域内西部地区湖荡簇集，河流多呈东西走向，如淀浦河、泖河和大蒸塘，东部地区水域面积较少，河流多呈南北走向，有一横塘（蒲汇塘）、五纵浦（大盈、赵屯、蟠龙、顾会、崧子等）之说（图青-2）。

　　区内水乡聚落以自然水系、连片基塘为开敞空间，堤、田、塘、居有序分布，具浓郁的江南水乡特色。

图青 -1　青浦老城厢

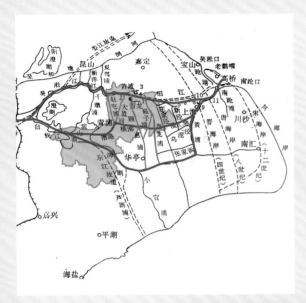

图青-2　一横塘五纵浦

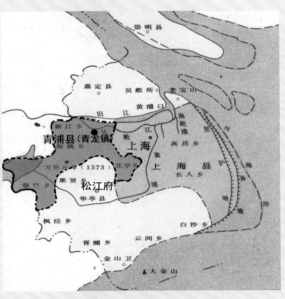

图青-4　清嘉靖二十一年（1542）置青浦县

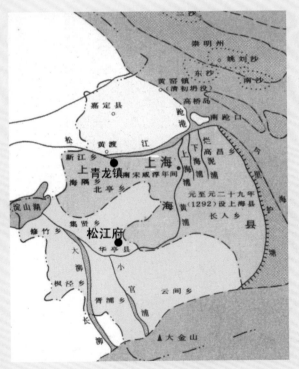

图青-3　唐天宝五年（746）置青龙镇

图青-5　民国二十二年（1933）青浦属江苏省管辖

（二）典型村镇

1. 朱家角镇

朱家角位于上海市西郊淀山湖畔，距市中心约49公里，镇域面积138.28平方公里（含淀山湖的水域面积45.72平方公里）。由于享有得天独厚的自然环境以及便捷的水路交通，朱家角历来便为江、浙、沪两省一市交界处的重要集镇。1991年被命名为上海四大历史文化名镇之一。朱家角历史悠久，始成于宋元前，发展于宋元之时，繁荣在明清时期，鼎盛于民国时期。

朱家角因水成街，因水成市，因水成镇，"大"字形的河

图青-6 朱家角古镇现状平面图

图青-7 朱家角古镇风貌图

流形态确定了古镇的空间格局。风貌区内西井河、市河、西栅河成"人"字形,与横贯整个风貌区的黄金水道漕港河形成"大"字形。"人"字形河道是古镇生长的骨架,城镇街道平行于河道发展,并沿垂直于街道的巷弄向内部延伸。

主要街道有:东井街、西井街、北大街、大新街、漕河街、东湖街、西湖街、东市街、胜利街;主要里弄有:杀牛弄、泗泾园弄、陈家弄、美周弄、司弄、陆家弄、磨坊弄、人和里、教化弄、席家弄、书场弄、染坊弄、十七埭弄、一人弄、迥珠坊弄、雪香斋弄、金家弄、薛家弄、杨家弄、曾家弄、顾家弄。

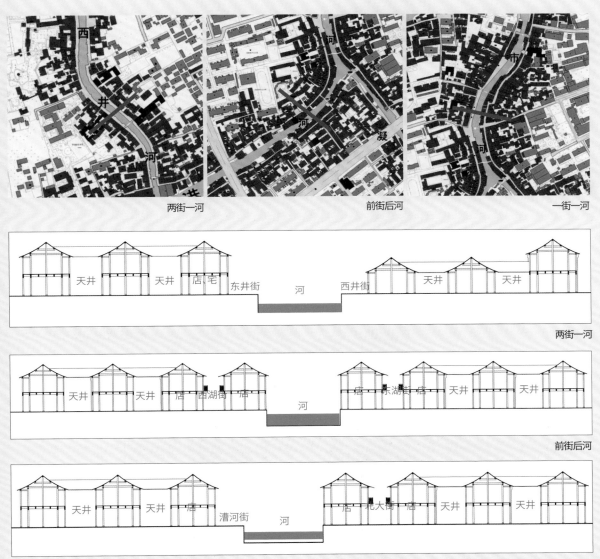

两街一河　　　　　　　　　前街后河　　　　　　　　　一街一河

图青-8　朱家角古镇主要街道剖面分析图

2. 练塘镇

练塘，旧名章练塘，相传唐朝天祐年间（904—907），高州刺史章公（章仔钧）和夫人杨氏（杨氏又称练夫人）在此居住，"章练"由此而得名。在清初，练塘集镇地区形成市廛。练塘原属吴江、元和、青浦三县合辖，清朝宣统二年（1910）将吴江、元和两县插花地归并青浦县，遂成现状。

镇呈长方形，东西走向，市河三里塘贯穿全镇。沿河上、下塘有两条并行的街道，为闹市，跨越市河有桥梁8座。对现在所见的练塘古镇，其确切的形成时间难以考察。今日古镇留存最老的桥顺德桥始建于元代，最老的民居建于明代，而青浦县志记载的青浦镇以及一些周边古镇镇域大都形成于明代，以此分析，练塘在明代一定也已形成相当规模的水乡古镇镇域了。古镇连接着丰富的水系，其市河西北临叶库荡，东濒泖河并直通黄浦江，地处水利交通要冲，米市行业发达，带动了整个练塘镇商业贸易和手工业的繁荣。

练塘盛产各种农业瓜果蔬菜，亦多鱼类。稻谷有特殊的香味，瓜类、豆类品种繁多，各种绿色蔬菜，树种丰富，尤其是茭白远负盛名。丰富的物产资源培育了丰富的美食文化。练塘传统的酿酒产业也十分发达，刘酒、宣酒是当地的主打品牌。另外练塘的顾蹄、月华饼等在当地也十分有名。

图青 -9　练塘古镇现状平面图

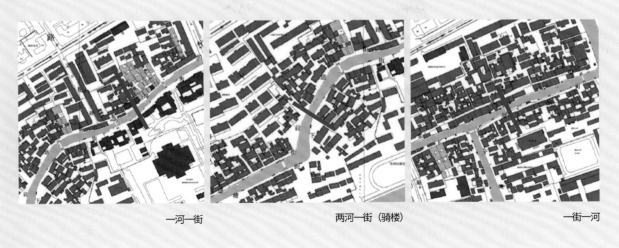

一河一街　　　　　　　　两河一街（骑楼）　　　　　　　一街一河

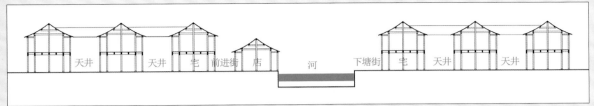

一河一街

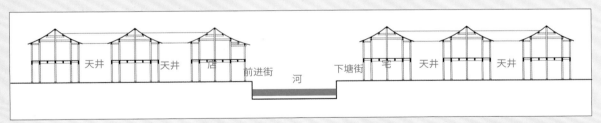

两街一河（骑楼）

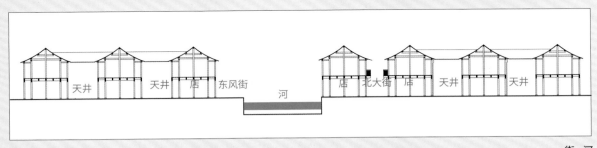

一街一河

图青-10　练塘古镇主要街道剖面分析图

3. 金泽镇

金泽历史悠久，1958 年淀山湖出土文物证明，早在 4000 年前，金泽地区就已有先民在此劳作，繁衍生息。其前身为白苎里，《江南通志》中云"稿人获泽如金"，故称金泽，沿袭至今。此处兴于宋而盛于元，自北宋年间金泽属浙西路秀州华亭县辖，几经变迁，明万历间设青浦县，方属青浦县。

金泽的集市最初出现在镇区之南，由捕鱼、米市而形成于现镇南白米港的小集镇古称白苎里，四周为茫茫芦荡。此后由于水上匪盗的频繁骚扰河寺庙的兴盛，经数度北移迁至现址，择名金泽。集镇建设由米市的兴盛而得到发展，房屋先由金泽塘北岸濒水而建，大多为相互倚连的单壁排门板店面房。前面开店，后部为作坊、仓库、住宅。以后大多翻建为砖木楼房，形成中央为商业街、两侧为店铺的格局。解放前，金泽因每年两期庙会而兴市，是青西地区的商业集镇。

"四面巨浸，内多支河，桥梁尤多于他镇。"境内江湖河港交织，镇中古桥众多，传说"桥桥有庙，庙庙有桥"颐浩节场：每年两大香汛——阴历三月二十八日东岳庙会，亦称"廿八香汛"；九月初九重阳庙会，又称"重阳汛"，两汛期间，金泽舟船塞满河江，各庙宇香烟缭绕。

图青 -11　练塘古镇风貌图

两街一河

前街后河

图青 -12 金泽古镇现状平面图

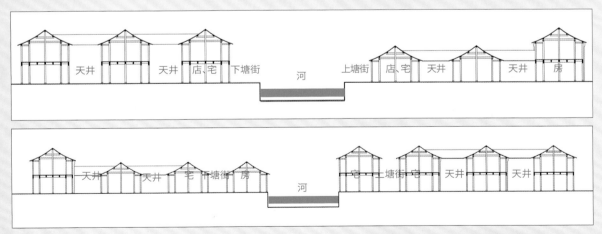

图青 -13 金泽古镇主要街道剖面分析图

（三）典型建筑

1. 朱家角蔡颂甫宅

平面布局特点：三井二堓一花园的院落式民居，砖木贴式结构，坐北朝南。由中间的仪门分为前后两部分。此宅面阔前小后大。另外此宅是由吴氏木行手中买入，因而"木作"十分讲究、精美。

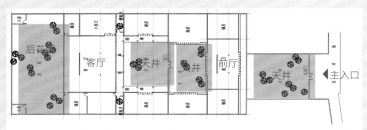

2. 朱家角舒文海宅

东立面

第一天井

花窗

3. 金泽许家厅

门厅入口

大厅构架

门厅后廊

门厅构架

大厅雕花

三、金山区

（一）总述

金山地处上海西南，区域范围位于古冈身以西，成陆较早。秦汉时期因"海滨广斥、盐田相望"，设海盐县治于该地。南北朝时期金山境内还曾设立前京县和胥浦县，三个古县城后或迁或废。明初期，海上贸易日趋繁盛，金山成了军事上的兵家必争之地。明洪武十九年（1386），金山筑城置卫，以御海患。因该地与海中金山相望，所以被命名为金山卫（当时除了金山卫，金山其他地区仍隶属松江府华亭县）。清雍正四年（1726）分娄县而设金山县，县治先后设于金山卫与朱泾镇，全县计5个乡、8个保、20个区，包括朱泾、张堰、吕巷、干巷、松隐5个镇。民国期间金山属江苏，1958年划归上海。

金山境内河网密布，河道形成回字形网络，水运发达，为经贸、运输提供了有利的条件（图金-1）。整体地势呈南东高、西北低，导致东部入海口河道容易淤塞、易造成水患。境内地质适合种植水稻、棉花，又有鱼盐之利（图金-2）。明清以后，松江一直处于全国棉纺织业中心地位。依托于松江的金山，也致力于发展棉纺织业，经济日益繁荣，市镇发展迅速。

图金-1　金山水系图

（二）典型村镇

1. 枫泾镇

枫泾镇古名白牛村、清风泾；后"风泾"作"枫泾"。旧时街道密集，商业繁荣，是金山、嘉善、平湖、松江、青浦五县通道和物资交流中心。元设白牛务，镇上有商铺200余家。明洪武年间设课税局。明清两代商贾汇集，市场兴旺，为华亭县西部繁华之地。清康熙初，里中多布局，染端匠达数百人之多，全镇仅经营土布店肆就有几十家，所产"枫泾布"，质地牢固，价廉物美，闻名江南数省。民国期间一度曾销往福建、台湾及南洋诸地，素有"买不完枫泾布，收不尽魏塘纱"之誉。枫泾境域分南北两镇，北镇属松江，南镇属嘉兴。明代设税课局（即元代设白牛务），交通区位优于朱泾。

枫泾市镇气象，持续繁荣，且为西部繁华之地。清康熙《松江府志》云："商贾骈集，增廛数千间。"清康熙《嘉善县志》云："本镇物阜民殷，巨贾辐辏，称邑都会。"清乾隆《娄县志》云："镇人科第相继，商贩旅集，至今称蕃庶焉。"清光绪《枫泾小志》载："至元明而户口日繁，市廛日盛。""逮至我朝，人文蔚起，崇工硕士颉颃后先，……虽区宇只此一隅，而灵秀钟聚，不逊通都大邑，又地为水陆所凑，商贾骈集，田野沃饶，民务俭勤，户号殷富，数百年来之未变也"

图金 -2 《良友画报》中的金山盐民生活

图金 -3 金山古镇风貌

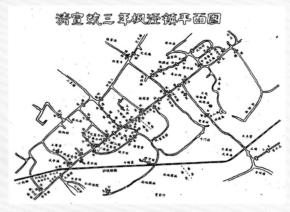

图金 -4 清宣统三年（1911）枫泾镇平面图（来源：《枫泾镇志》）

图金 -5　枫泾镇风貌

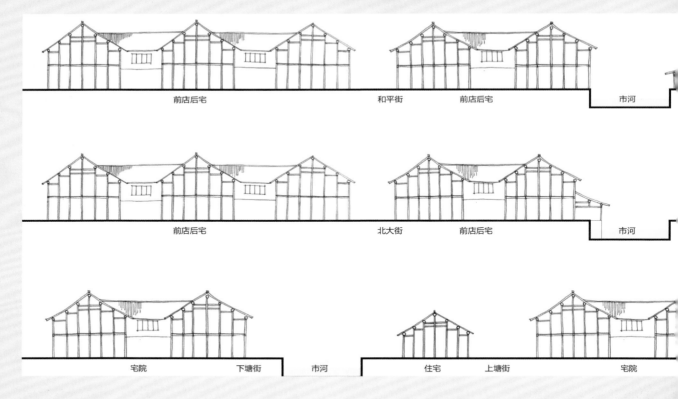

图金-6 枫泾镇现状格局平面图

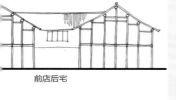

前店后宅

前店后宅

图金-7 枫泾古镇主要街道剖面分析图

图金-8 枫泾古镇历史建筑

2. 张堰镇

故名赤松里,亦名张溪、留溪,晋朝已形成商市,时称留溪镇。宋代在张泾河筑堰闸（为华亭十八堰之一,堰已久废）,以御闸外咸潮,名张泾堰,因堰得名,简称张堰。宋代设浦东场盐课局,明初设巡检司。明清时期,张堰镇商业兴旺,米市繁盛,有浦南首镇之称。

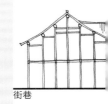

街巷

3. 朱泾镇

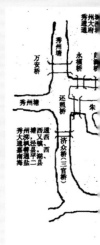

前店后

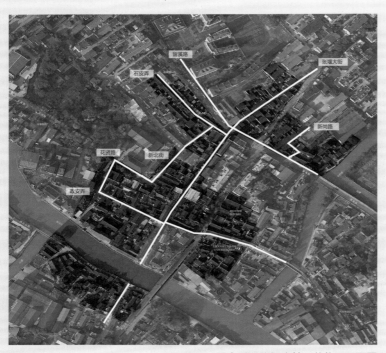

图金 -9　张堰古镇现状格局平面图

图金 -10　张堰古镇风貌图

街巷　　　　　　前店后宅　　　　　　张堰大街　　　　　　前店后宅　　　　　　街巷

图金 -11　张堰古镇主要街道剖面分析图

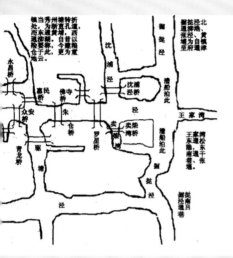

图金 -12　明清朱泾古镇示意图

图金 -13　朱泾古镇现状格局平面图

西林街　　　　　　前店后宅　　　　　　市河　　　　宅院　　广福街　巷弄　　　　　　宅院

图金 -14　朱泾古镇主要街道剖面分析

图金 -15　朱泾古镇风貌图

（三）典型建筑

1. 朱泾镇待泾村蒋泾18组袁宅

袁宅位于朱泾镇待泾村蒋泾18 组，建于民国时期，一进院落，两埭。现状空置，无人使用，袁家在相邻宅基地建造了新宅，并由老宅迁至新宅居住，建筑保存情况一般，东厢房、后天井已毁。

厅堂、卧室、厨房等最常见的做法是穿斗结构，有时在厅堂采用抬梁穿斗结合的做法，很少出现抬梁结构。但在落舍中，由于采用四坡屋面的形制，屋面相交处及东西向落坡处均采用抬梁结构。

墙面均为一砖墙，青砖，外饰纸筋石灰抹灰。底部1米左右为青砖顺砌，上部为空斗砌法；装饰细部主要表现在传统"门面"的重要刻画，包括各处屋面、屋脊、前头屋、内院立面木装修等。

穿斗结构，七架梁、九架梁建筑剖面

2. 枫泾叶鞠挺宅

叶宅位于友好下塘街125、127、131号，建于民国时期，是枫泾内一处较大的宅院。主人家族有田地，从事麸业，商品主要卖至嘉兴，祖辈主要在上海做生意。叶宅主体部分为四进院落，东侧厨房院落和菜地已经不存，现状居住了多户居民。整体保存情况一般，尚未修缮。

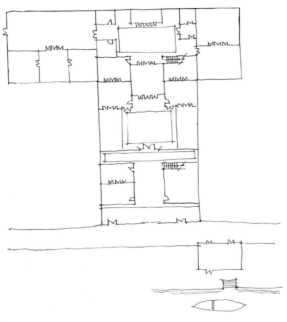

根据居民口述复原平面格局

四、闵行区

（一）总述

　　闵行地跨古冈身两侧，境内有马桥古文化遗址。闵行区的大部属地位于冈身以东，小部分区域位于冈身以西（图闵-1）。冈身两侧的水系结构略有差异，其中冈身以西的水网较多呈自然形态，而冈身以东的水网呈自然弯曲与横平竖直相结合的形态，显示出受人工开浚的影响较多。

　　我们根据闵行区内各村镇不同时期的发展沿革、商业规模，梳理出汇总表（表闵-1）。

　　唐时期，该地隶属华亭县、松江府；元至元二十九年（1292）上海县设置后，该地属上海县。明正德七年（1512），始有闵行之称谓。因有黄浦江连通上海县城，清代的闵行，渐成上海粮米和棉花的集散地之一，土布、铁木、饮食、茶馆等行业较兴盛。民国年间，沪闵南柘公路沪闵段长途汽车通车、沪杭公路通车，闵行成为联系上海市区与江、浙、赣、皖的交通要津，致使镇内市面繁荣，花米行、毛猪行，店铺林立，成为当时的"小上海"（图闵-2）。

图闵-1　闵行区冈身东西区域划分

村镇	功能	
马桥		兴起于清初，称马桥
北桥	行政	明后渐盛，清嘉庆时20世纪二三十年代因形繁荣。
七宝	棉纺	明嘉靖、万历年间，趋式微，乃至最后惨用而已。
		日伪"清乡"，镇适
华漕	航运	宋初，吴淞江下游湮夷贾贸易"，形成市集同治年间"市肆寂然"
莘庄	棉纺	明嘉靖、万历年间因水乡风貌。
		清末民初，商市日购锁（棉）花市繁荣。
颛桥		明设颛桥市，清乾隆年
梅陇		兴起于清嘉庆年间，沪
陈行	商贸	明万历年间，浙江南浔家木行，简为陈家行，团练，设陈行局。光绪间日伪"清乡"，米级
塘湾	航运	因处俞塘湾而名，兴起
召楼	米粮	兴起于嘉靖、万历年间
纪王	棉纺	明万历年间称临江，又乾隆六十年（1795）利清盛布、靛业，市况以林家弄称烟弄堂，有航船顺水而下，不再沪
诸翟	航运	兴起于明代前期，弘治七百户，乾隆时称镇
曹行	棉纺	以棉花、土布兴，清初民初，纺织业衰落，至
杜行	米粮	起于清初，雍正年间镇西街长约千余米，南北
鲁汇	米粮	闸港、肇沥港、小闸港三
闵行	航运	民国十七年（1928）立，市面繁荣，人称

率	级别	商业规模及影响力	格 局	形态
。	大	商店161家，从业人员272人	街道狭窄，沿俞塘北岸，长约600米，郭家桥至新石桥间120米段为闹市，店铺林立。花行、粮店、油坊、米厂分布于东西市梢。	
稀，商市不盛，赖四乡农民支撑。建，县治迁入，小店渐增，商业渐	小	商店55家，从业人员106人	主街东西街长千余米，分东街、中街、西街，西街多民宅，商店布于东、中街。	
鸦片战争后，随着洋布的进入而日纪30年代，七宝棉纺业只是自产自	重要	镇向为四乡商业中心，20世纪五六十年代乡脚远及一二十里，近年缩至近十里。商店213家，从业人员528人。	全镇以塘桥为中心，南北大街为轴，南横列博古弄、宋家弄、典当街、宋家厅、北有同关弄、杨家弄、徐家弄、沟水弄，深宅大院隐然其间。街道狭窄，屋宇逼仄，大多为平房和二层楼房。镇多市河，又多石桥。	见图
棉业盛极一时，几至无家不店。				
初，漕河边渐成集市，明弘治时"多疏浚，商市剧衰，嘉庆年间称华漕市，"清乡"期间，粮市比户设摊。	小	商店41家，从业人员46人。	旧街呈丁字形，南北街长200余米，东西街百米，街宽二三米，商店多列南北街，大多为平房。	丁
崇祯年间有居民数千人，富有江南	大	152家商店，从业人员300人。	莘溪东西向横贯全镇，狭窄的东西市街沿北岸而建，绵延千余米。南北街约250米，与东西街相交于平桥北堍（今海星商场处）。街多弄巷，街面住房多属砖木结构的两层楼房，莘溪北岸东、西街上塘尤多五六进深宅大院，南、北街多为平房。解放初，72家地主有房千余间，屋宇宽敞，不少是中西合璧民国风格建筑。平桥为镇中，东西街东起典当街，西至杨家弄，沿街比家挨户店铺、作坊。	十
匹。赖沪杭铁路，30年代商市日盛。				
复为市，1942年日伪"清乡"，米市兴。	大	30年代前乡脚仅里许。149家商店，从业人员238人。	全镇以众安桥为中心，呈十字形，分东、西、南、北四街，东、西街为主街，全长720米；南北街全长260米，街大多仅宽2米，后东街宽4米，前东街不足2米，街两侧大多平房。	十
20世纪40年代，米业兴起。	小	50家商店，从业人员114人	镇街道布局呈"丰"字形，主街南北向，约长200米，宽三四米，平房居多。	丰
运木材至塘口之东，开设木行，称陈清咸丰、同治年间称陈家行镇，办地区商业、行政中心。抗日战争期复振。	小	商店34家，从业人员63人。	店摊原多开设于东西街，街西起陈杜路煤炭建筑材料购销站，东迄陈中港，与周浦塘平行，街宽三四米，长约500米，平房楼房间杂，大多破败。南北街长200余米，由节芳桥相连。东西街和南北街相交处十字街口为镇中心。30年代中期北街扩建为长120米的陈新路，另辟175米长新街，衔接两路，成"工"字形，政府机关，百货、五金交电、医药、食品中心店和集市贸易市场均坐落于此。	工
称塘湾市。	小	商店65家，从业人员131人	以中心街为镇中心，与前进、振南、三新三条街形成工字形。	工
落。	小	商店78家，从业人员160人	老王家浜贯穿镇中，保安桥连南、北街为一体。	见图
里。清康熙年间多市肆，户口日盛。属嘉定县，1958年归属上海县。明、水道淤滞为盛衰。民国初，镇市繁荣，民国八年（1919）吴淞江疏浚通航，址。	大	135家商店，从业人员218人	镇南北长千余米，东西宽不足千米，跨盐仓浦两岸。街道石板铺，弯曲狭窄，街面房屋大多为平房和二层楼，1937年大半房屋毁于日本侵略者飞机轰炸。	十
行时称诸翟巷市。清康熙年间居民嘉庆时商贾骈集，市廛日扩	大	商店133家，从业人员209人	民国十九年（1930）市街南北半里，东西1里多，以紫堤街最盛。	十
成集市，清嘉庆时为曹家行市。清末市益洞。	小	52家商店，从业人员90人。	镇沿马屯泾，分东、西、中三街，呈工字形，西街沿河，纵长45米；东街150米许；中街东西向，长200余米。商店原多设中、东街，中街市面尤盛。东街北首有观音堂，旧时农历六月十九、十月十四一年两度庙会。街道狭小，平房、二层楼房错杂。	工
一街，居民一二百家。光绪年间，东	小	商店79家，从业人员146人。	东西街长约千余米，南北街仅300余米。桥南迤南栅口为景星街，迤西土地堂桥即庆云街，二街成曲尺形，街宽二三米，有百余家商店。	十
雍正年间镇东西长半里，居民数十家。	小	97家商店，从业人员214人。	镇跨闸港，由鲁汇西桥相接，店家多在港北，街东西长约750米、宽3米。	
海县首镇，花米行，毛猪行，店铺林	重要	上海县首镇。		

表闵-1 闵行村镇一览表

图闵 -2 1946 年闵行镇新街

（二）典型村镇

1. 七宝镇

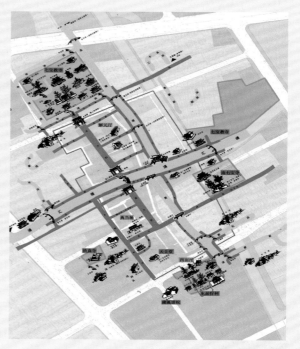

图闵 -4 清道光年间七宝镇复原图

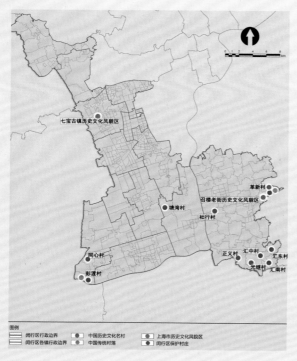

图闵 -3 闵行区传统风貌村落分布图

图闵 -5 1982 年七宝镇

图闵 -6　1980 年七宝西街下塘房子

徐凌村：秦伯未故居宅院（区级文物保护单位），胡信义商号住宅（文物保护点）。

图闵 -8　陈行老街清代建筑群

图闵 -7　七宝古镇风貌

2. 陈行老街（陈行村、徐凌村）

历史上陈行以东西街和南北街相交处十字街口为镇中心。东西街与周浦塘平行，街宽三四米，长约500米，平房楼房间杂，多设商店，较为破败。南北街长200余米，由节芳桥相连。陈行村、徐凌村历史上是陈行老街所在地，现已全面拆除，仅留下几处不可移动文物。其中传统民居类的不可移动文物包括：

陈行村：胡氏三寿堂宅院（区级文物保护单位），秦家玉涵堂住宅（文物保护点），秦家住宅（文物保护点）。

图闵 -9　陈行村胡氏三寿堂宅院现状

图闵-10 秦家玉涵堂住宅、秦家住宅残骸

图闵-11 秦伯未、胡信义住宅现状

3. 浦锦街道芦胜村

芦胜村的村落民宅呈点状分布,基本上没有集中的村庄集群。建筑方面,村中不可移动文物、历史建筑,大部分是超大尺度、细部粗犷的大型绞圈房子,但保存不完整,几乎都有部分被拆除。其中传统民居类的不可移动文物包括:庞家南荫堂住宅,庞家诵德堂住宅,康家师济堂住宅(三者都是文物保护点)。

图闵-12 庞家南荫堂住宅现状

图闵-13 庞家诵德堂住宅现状

图闵-14 康家师济堂住宅现状

4. 浦锦街道近浦村、塘口村

近浦村沿河分布着集中的村落集群,集群内能看到尺度较小的绞圈房子、沿街商铺,但都保存得较差。集群外围也散落地分布着超大尺度的绞圈房子,与芦胜村的情况类似。其中传统民居类的不可移动文物包括:张家楼房(区级文物保护单位),近浦丁家住宅(文物保护点)。

塘口村是历史上塘口镇的所在地,塘口西街等老街保存比较完整,但内部建筑大都翻新重建,但也还保存着一些塘口丁家住宅这样的沿街商铺。其中民宅类的不可移动文物包括:塘口丁家住宅(文物保护点)。

图闵-15　塘口丁家住宅现状

图闵-16　塘口丁家住宅现状

5. 马桥镇彭渡村、俞塘村

彭渡村沿水沿路展开,格局较为清晰。整体以粉墙黛瓦的传统民居为主,风貌较好,部分民居翻新重建,田园风情浓郁;彭渡村整体风貌一般,多数民居翻新重建,传统民居残破不全。

图闵-17　彭渡村南侧现状

图闵-18　彭渡村北侧现状

图闵-19　俞塘村街景

图闵-20　钮氏镕才堂现状

6. 颛桥镇颛桥、北桥

颛桥原有的东西南北四条街的传统格局尚存,建筑风貌尚可,尺度宜人,生活气息浓郁。其中传统民居类的不可移动文物包括:何家宅院（区级文物保护单位）,颛桥周宅（文物保护点）,颛桥陈家住宅（文物保护点）,颛桥杨家住宅（文物保护点）。

北桥原有镇区被现状城市道路分割得支离破碎,传统风貌格局基本不再。其中民宅类的不可移动文物包括:北桥孙家住宅（文物保护点）。

图闵-22　颛桥杨家住宅现状

（三）典型建筑

1. 浦江镇革新村梅园

梅园是位于浦江镇革新村的一座三进三落的大宅院。建筑中轴对称,平行三进、横排三套院,庭院宽敞,人称"九十九间屋",是一座规模宏大、具有典型本地建筑风貌的大宅院。

图闵-21　颛桥陈家住宅现状

2. 马桥镇同心村金庆章故居、顾言故居

3. 浦江镇杜行村李家、朱家住宅

　　杜行村李家、朱家住宅位于浦江镇杜行老街，是典型的上住下商的民居。二层多为板条木板墙面，一层多为半开敞式店铺，采用门窗分离的设计。在门头、檐口等建筑构件上采用精致的雕花装饰。

五、嘉定区

（一）总述

嘉定位于上海西北部，西与江苏省昆山毗连，南襟吴淞江，北依江苏太仓，跨古冈身两侧，古称疁城（又称疁塘），隶属平江府。南宋嘉定十年（1217）获准设县，定名嘉定县，当时的嘉定"东临大海，南至吴淞江，东西相距49公里，南北相距35公里"，管辖从昆山县划出的春申、临江、安亭、平乐、醋塘5个乡，县治设于练祁市（今嘉定镇）。元元贞二年（1296）嘉定县升格为州。明初嘉定州又恢复为县。明弘治十年（1497），县境西北划归太仓州。清康熙六年（1667）起，江南省分置江苏、安徽两省，嘉定县属江苏省苏州府。清雍正二年（1724），析嘉定东境置宝山县。新中国成立后，嘉定县属苏南行政区（1952年改为江苏省）松江专区。1958年1月，改属上海市（表嘉-1）。

嘉定境内地势平坦，东北略高，西南稍低，历史上，境内集镇的发展主要循水系展开。依托吴淞江，安亭、黄渡、南翔很早就已成形，在吴淞江支流盐铁塘、横沥河沿线，也兴起了葛隆、娄塘、外冈、练祁等集镇。据明正德《练川图记》《姑苏志》记载，宋元时期嘉定有九市八镇，包括娄塘桥市、钱门塘市、州桥市(练祁)、新泾市、广福市、真如市、封家浜市、纪王庙市、瓦浦市、罗店镇、南翔镇、安亭镇、黄渡镇、大场镇、江湾镇、清浦镇(吴淞口高桥镇)、葛隆镇。至明清，市镇又有新进展，据康熙《嘉定县志》光绪《嘉定县志》记载，析置宝山县后嘉定主要存有七市十二镇，含原有南翔镇、安亭镇、黄渡镇、葛隆镇四镇，新增的徐家行镇、马陆镇、诸翟镇三镇及由集市升格为镇的娄塘、新泾、外冈、广福、纪王庙五镇。

年代	省/部	郡、府	县
唐以前	\	吴郡、苏州	\
北宋	江南道 两浙路 浙西路	苏州 平江军	\
南宋嘉定十年 (1217-1218)	浙西路	平江府	嘉定县
元	浙江行中书省 江南浙西道	平江府	嘉定县 嘉定州
明		苏州府	嘉定县
清	南直隶 江南江苏布政使司	苏州	嘉定县（清代后期升太仓州、划出宝山县）
民国	江南六区（即江苏省） 上海特别市（1941—1943年） 嘉定（县/区）		
1949—1958年	苏南行政公署松江专区 江苏省松江专区		嘉定县
1958年至今	上海市		嘉定县、嘉定区

表嘉-1　各历史时期嘉定地区辖制

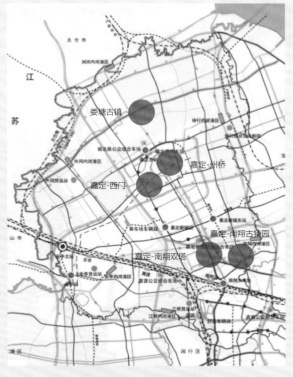

图嘉-1　嘉定区内历史文化风貌区分布图

嘉定区域内，冈身贯通南北，其两侧村镇呈现出明显不同的肌理格局（图嘉-3）。如位于冈身以西外冈镇的周泾村，水系呈东西流向，密度较大，村镇整体沿河一字形排开，局部错落，横向沿河空间肌理特点明显；而在冈身以东的华亭镇北新村，水系环绕贯通，村宅邻近主要河道，枝状河系向内伸展，整体呈团状，围河集聚。

自宋元以来，嘉定长期属于苏州府、平江府管辖，一直受姑苏文化、吴文化的影响，人文底蕴深厚，文风兴盛，发奋争取功名的读书人众多，文化积淀深厚，素有"教化嘉定"之称。与姑苏一带相似，嘉定民宅多院落大宅，但其规模较小、装饰较朴素。

（二）典型村镇

1. 嘉定州桥风貌区

嘉定州桥风貌区位于嘉定老城区，包括汇龙潭、嘉定孔庙、秋霞圃、州桥及周边部分多层住宅区、商业设施和办公机构等地块。自南宋嘉定十年（1218）起一直保存下来，在千步之内汇集宋、元、明、清历代古塔、旧庙、名园，可谓"嘉定之根"。

图嘉-3　嘉定州桥老街风貌2

图嘉-2　嘉定州桥老街风貌1

2. 南翔古镇

南翔古镇距今已1500年，是上海四大历史文化名镇之一。因其境内有上、中、下三道槎浦，古称槎溪。南朝梁武帝天监四年（505），建白鹤南翔寺，因寺成镇，镇以寺得名。

传说南翔呈"龙穴之地"，名胜古迹众多。晚清时期流传的一首《南翔山歌》中，开头就说："正月梅花初立春，南翔虽小赛苏城。"虽属过誉，但据镇志记载，当时有博望仙槎、萧梁古寺、东林银杏、北园老桂、西院芙蓉、南坞屏梅、槎皇社灯、鹤湾渔艇、太平竞渡、天恩赏月、萧寺钟声、薛湾潮汛、桂苑占秋、鹃林消夏、止舫观鱼、平桥折柳、双塔晴霞、三槎雾雪等18处名胜古迹。

图嘉-4 南翔古镇风貌

3. 娄塘古镇

街巷依河而筑，与水系相互交织，形成了"娄塘街，条条歪，七曲八弯十七八个天井堂"独特格局。水乡民居、商铺较多为观音兜山墙，装饰构造较多体现苏式园林建筑元素的运用。

娄塘古镇距今已有600多年建镇历史。因明初开始娄塘河两岸遍植桃树，三月桃花盛开，成为嘉定一方游春胜地，吴门雅士留下了众多赞颂桃溪美景的诗作，享有"桃溪"的雅称，这样的景观一直从明初延续到19世纪60年代，之后虽毁于战火，但娄塘桃溪美名流传。镇内留存有大量明清和民国时期江南地方典型的传统民宅群落，街巷保持弹硌路面特色铺装。在镇上大北街、瞿家弄交叉口有最大的公共水井，不仅如此，娄塘居民大多在自家前后院落或者门前门后挖有水井，呈现出独特的井边水乡人家的生活场景。

图嘉-5 娄塘古镇风貌

4. 钱门塘

钱门塘位于上海嘉定区城西北外钱公路。南宋嘉定十年（1217）设嘉定县后，此地即成市镇，"居民鳞比，商贾辏集"，为嘉定县明代八镇九市之一。历史上建制多次改变，1911年置乡，1928年属疁西乡；1930年设钱门塘镇；1949年易为钱门乡；1987年归入望新乡。现归属于外冈镇，更名钱门村。

图嘉-6-2　钱门塘古镇风貌

图嘉-6-1　钱门塘古镇风貌

5. 外冈镇

钱门塘位于上海嘉定区城西北外钱公路。南宋嘉定十年（1217）设嘉定县后，此地即成市镇，"居民鳞比，商贾辏集"，为嘉定县明代八镇九市之一。历史上建制多次改变，1911年置乡，1928年属疁西乡；1930年设钱门塘镇；1949年易为钱门乡；1987年归入望新乡。现归属于外冈镇，更名钱门村。

图嘉 -7 外冈镇风貌

6. 葛隆村

明朝成化年间（1465—1487）知县吴哲创市而得名，又作葛龙庙镇。

图嘉 -8 葛隆村风貌

7. 黄渡镇

黄渡，原以老吴淞江为界，北岸属嘉定县，于宋元之际形成集市，俗称老黄渡。明嘉靖、万历年间形成集市，清康熙时江之两岸居民稠密，时盛产土布、蓝靛、布机，尤以靛青为贸易之大宗。清末洋布、洋靛涌入，市场稍衰。因东距沪宁铁路站3.5公里，又有吴淞江之利，棉花、米、土布、豆、麦生意仍保持昔日盛况。还盛产犁耙、纵箍、纺车、水车、棉纱、竹器、棉花弓等。东西街长约1.5千米，大小商店200余家，市中大街城隍庙西、西江桥东最为繁盛，每日早、中午两市。

图嘉-10-2 安亭镇风貌

图嘉-9 黄渡镇风貌

8. 安亭镇

安亭与江苏省昆山市，有着悠久的历史。史载"十里一亭，以安名亭，以亭为镇"，安亭由此得名。明代市河安亭泾两侧街巷南北约1里，大小店铺150余家，每日一市，以棉花土布粮食为主。

9. 马陆镇

南宋嘉定十年（1217）嘉定建县，马陆地区属当时嘉定县春申乡，第二年春申乡更名为守信乡。南宋末年，民族英雄陆秀夫、陆南大父子为抗击元军入侵，在马陆地区驻扎训练一支骑兵。后其子马军司陆南大移居于此，遂以"马陆"称呼陆丞相驻马军地，以永远纪念这位忠烈义士。马陆由此得名。

图嘉-10-1 安亭镇风貌

图嘉-11-1 安亭镇风貌

图嘉 -11-2　安亭镇风貌

（三）典型建筑

1. 娄塘镇敦谊堂

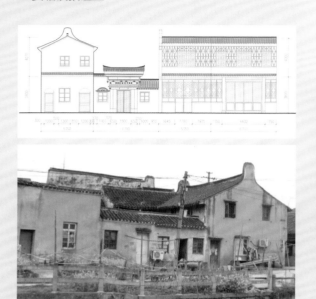

2. 嘉定城厢秀野堂

秀野堂,原为嘉定县城东门郊野民居,坐北朝南,南面近河道。面阔三间,方形两进院落。入口正门后为前院,门后为仪门。左右厢房雌毛脊,仪门雕塑损毁。正厅后有窄长后院,作为厨房等辅助设施使用。

正厅进深八界,抬梁与穿斗结合结构,开间宽敞高爽,简洁完整,是研究当地传统民居的典型代表。

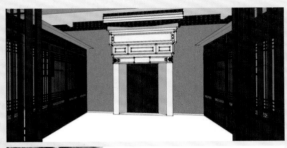

3. 嘉定城厢吴蕴初旧居

吴蕴初旧居,嘉定县城西门外民居,清代建筑,占地面积近700平方米,砖木结构,面阔五间,三进院落。入口檐廊2006年修缮,内有仪门两座,分为一层轿厅、一层正厅和二层楼厅等,后院局部损坏。原来南临河溪,沿河为商铺作坊,目前已经不再使用。吴蕴初(1891—1953),曾入陆军部上海兵工专门学校攻读化学,清宣统三年(1911)毕业,民国后创办上海味精厂、天原化工厂等,奠定其在国内化工业界的地位。

经济表现突出是影响其建筑布局形态的一个重要因素。由于商业街面的稀缺性,所以沿街面的建筑密度极高。商业店铺大多为单开间,且开间面宽较小,如朱家角东井街及北大街商业店铺开间多为3—4米。为了在寸土寸金的商业街上争取更多的经营空间,与嘉定居住建筑面宽较大所不同,沿街只是普通院宅外墙及宅门,立面形式朴实、厚重、封闭。

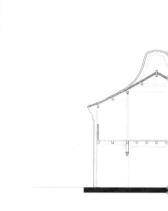

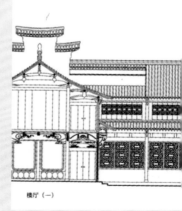

楼厅(一)

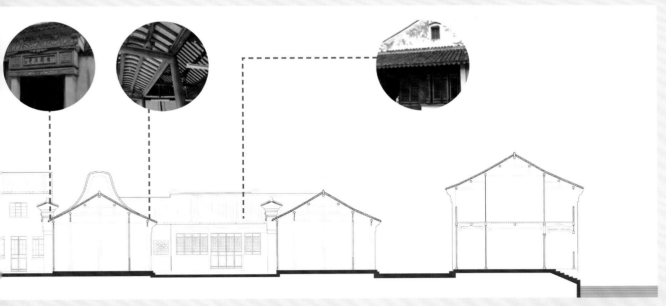

以嘉定西门吴蕴初故居为原型分析

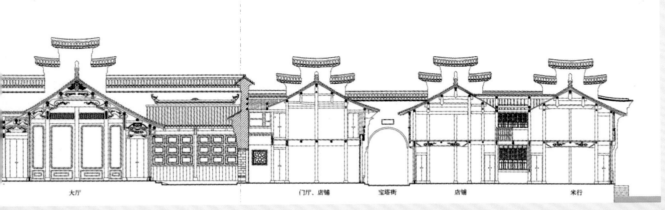

大厅　　　　　　　　门厅、店铺　宝塔街　店铺　　　米行

六、宝山区

（一）总述

宝山位于上海东北部，北邻江苏太仓，全境处于古冈身东侧，属东部滨海平原区。境内洋桥、罗店、大场一线成陆于唐以前，其余区域成陆于宋中期，整体地势呈西北高东南低之貌。因临江濒海，古代宝山界内临江一侧的海岸线常有坍塌，如南宋时闻名的黄姚镇、明初修建的吴淞千户所旧城、明永乐十年（1412）修筑的"宝山"（原用于设置航海标志）等都已沉没。境内水网密布，呈横塘纵浦之态，其中连接长江和吴淞江的盐铁塘为历代不断开凿而成的一条运河，它贯穿常熟，是江南腹地的一条重要商道。

自南宋嘉定十年（1217）嘉定设县以来，宝山一直隶属于嘉定。清雍正年间，原嘉定东面四乡（依仁、守信、徇义、乐智）部分区域析出成立了宝山县，归太仓直隶州辖制。民国年间，宝山隶属江苏松江。1958年，由江苏划归上海。

宝山境内非物质文化遗产众多，国家级非物质文化遗产有"端午节罗店划龙船习俗"，市级非物质文化遗产有罗泾十字挑花技艺、罗店彩灯、罗泾萧泾寺传说、月浦锣鼓、杨行吹塑版画、大场江南丝竹、沪剧等七项。

区内集镇多依水就势，随水形而蜿蜒。镇内街市多与水系平行，呈河街并行之态（图宝-1）。境内传统村落多沿水系布局，或占据一侧，或占据两侧，自由错落（图宝-2）。因城市化发展的侵蚀，一些原来形态优美的传统村落逐渐失去了其传统肌理。如位于蕰藻浜沿岸的陈家行村，民国时期逐渐发展为集镇。20世纪60年代，因"农业学大寨"，人们将河道拓宽、截弯取直，规整排列房屋，破坏了陈家行的传统肌理（图宝-3）。

宝山区的传统建筑以墙门院落民宅为主，既有绞圈房子，也有类似苏州民居的院落大宅（图宝-4、图宝-5）。

图宝-1 1948年大场镇影像图

图宝-2 依水村落影像图

图宝 -3　陈家行村各时期肌理图

图宝 -4　宝山海量村风貌

图宝 -5　宝山花红村风貌

（二）典型村镇

1. 罗店镇毛家弄村

　　毛家弄村为解放后集中建设的、具有时代特色的代表性村落，其水系路网规划平直，村落布局规整，民居由独幢变为联排兵营式排布，具有中国特色的一种住房样式，是七八十年代中国企事业单位住房分配制度紧张的产物。

2. 罗店镇

　　罗店镇主街沿街建筑已整治，立面外观较新，且传承传统风貌。

图宝-6　罗店镇毛家弄村风貌

图宝-7　罗店镇风貌

3. 罗泾镇洋桥村

　　洋桥村东北部为典型的沿河块状布局，洋桥村西南部呈现出类似于集镇式的沿街紧凑布局特色。

图宝 -8　罗泾镇洋桥村风貌

（三）典型建筑

1. 罗店镇敦友堂（亭前街248号）

2. 罗店镇唐家弄42号

毛家弄村为解放后集中建设的、具有时代特色的代表性村落,其水系路网规划平直,村落布局规整,民居由独幢变为联排兵营式排布,具有中国特色的一种住房样式,是七八十年代中国企事业单位住房分配制度紧张的产物。

3. 罗店镇远景村王宅

远景村王宅中间左右对称,庭心居中,屋顶为双坡悬山,从空中俯视,整个建筑呈现一个巨大的"米斗"状,寓意家族日进斗米、兴旺发达。

七、浦东新区

（一）总述

浦东是随着陆地泥沙堆积造成的海岸线变迁而形成的。广义的浦东还包含奉贤及金山的部分地区，现今浦东主要指原上海、川沙和南汇三县（厅）管辖地。

西汉时期，上海大部分仍未成陆，海岸线位于冈身线处，其中金山地区较现今海岸线向南大幅扩充。今上海全域属会稽郡，未形成县；唐代，上海大部分成陆，下沙—周浦一线捍海塘形成并继续向东扩展，金山、奉贤地区较现今海岸线仍向南有大幅扩充；南宋时期，乾道海塘的修筑奠定了浦东主要村镇的地理位置，今顾陆、川沙、祝桥、南汇、大团和奉城等均分布在这一海岸线上，至此，浦东大部分已成陆，并继续向东扩展，形成下沙盐场，产生新的团、灶专业机构；元代，浦东大部分已成陆，并继续向东南扩展，金山地区海岸线北抬，接近今日海岸线位置；明代，上海本土海岸线逐步接近今日的位置，新增青浦县和明代军事用途建制的所城，产生了原南汇的新场、大团、三林等村镇，今川沙高行镇域范围内也出现了村镇形式，至此，浦东大部分已成陆；清代，上海本土海岸线逐步接近今日的位置，东南角继续向今滴水湖位置集聚，形成"鼻尖"形状；崇明岛基本成陆。

由于不同的历史成因及受水网分布特征的影响，浦东的村镇空间分布，呈现出不同模式的特点。浦东新区包含了黄浦江以东区域的部分海岸线，面积分布广泛且类型杂多。就村镇内空间布局类型，有出于军事用途建造的所城及井字形街巷构成的大规模村镇；有街巷住宅沿弯曲河道两岸分布且自然舒展空间肌理的带状集镇；也有街巷布局沿河道一字形排开且形式整齐规一的线形村落等。

浦东中北部，如高桥和川沙，受到上海近现代发展影响，融入了大量外来元素，形成别具韵味的风格。

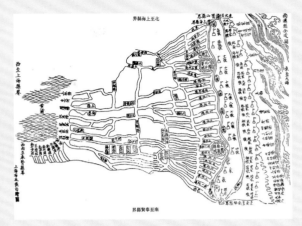

图附浦-1 《南汇县新志》全境图

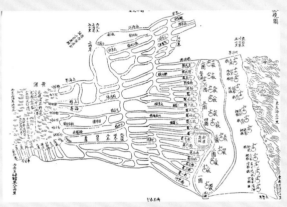

图附浦-2 《光绪南汇县志》全境图

图附浦-3 明代下沙盐场位置图

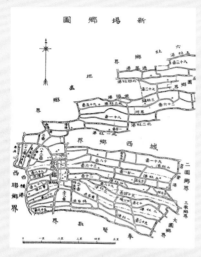

图附浦-4　《南汇县续志》南汇县总图　　　　图附浦-5　《南汇县续志》新场乡图

（二）典型村镇

1. 航头下沙老街

航头是浦东最早成陆的地区,具有悠久的历史。据《上海通史》记载,早在宋代,这里已成集镇,是上海最早的一批市镇之一。

这里是千年盐业重镇。下沙,广义上指原南汇地区,即南(川)沙,包括川沙镇及其以西以南地区。早在隋、唐时代已有煮海熬波制盐之业。五代已为盐场,为华亭五盐场之最。盐业鼎盛期时,是我国沿海地区34大盐场之一。保有沿南咸塘港的传统风貌建筑和街巷格局较为完整的区域,街巷传统特色浓郁,整体尺度较好,仍保持老街基本风貌;留存了以王家祠堂、东刘老式楼房、西刘老式楼房、东协顺洋布店、协昌祥洋布店等为代表的历史建筑,一定程度体现了下沙千年盐业重镇的历史地位和风貌。

道路　　水系

图浦-6　航头下沙老街道路水系肌理分析

图浦 -7 航头下沙老街历史建筑

2. 大团古镇

以前大团镇上的蟠龙街、中大街为闹市。花行、米庄甚多,号称"三步一家,五步一店"。古镇保存有北大街的传统街道格局,两侧留存主要建筑为商铺居住,多数清末民国年间建造,建筑保存较好。保留有大团潘氏宅第、定慧庵、西粮管所等历史建筑,建筑傍河依水,小街盘曲,体现了"水—建筑—街—建筑"的街区特点。

道路 水系

图浦 -8 大团古镇道路水系肌理分析

图浦 -9 大团古镇历史建筑

3. 六灶古镇

六灶在1070年左右,大部地区还处于大海之中,后经长江带泥沙沿海岸线向南沉积,至1140年左右,基本上形成了陆地。1172年,浦东筑了捍海塘后,陆地得到固定。当时南汇沿海的盐场机构共分场、团、灶三级。六灶名称源于古时"盐灶",原是盐场盐灶的编制称号,因排第六而得名。六灶成集镇于明代,到清代已具有一定规模,一条沿六灶港修筑的对面街全长3里许,是该镇的中心。

六灶古镇保存了沿六灶港一字形排开的街区格局,街巷整体尺度很有水乡特色,保持着清末民国时代的风貌。东西向的三里老街东起傅家祠堂,西至环桥,长约3里,依傍六灶港(旧称焐水)。保留有西市圈门、马家房子、典当房子等民居建筑以及萧王庙,城隍庙,镇港庙,关帝庙等公共建筑。

道路　水系

图浦-10 六灶古镇道路水系肌理分析

图浦-11 六灶古镇历史建筑

4. 新场古镇

新场古镇镇区保存有完好的井字形河道格局,河道两侧现保存三进以上的第宅厅堂30多处。众多的古民居、水桥、驳岸极具文物价值,充分而完整地体现"江南人家尽枕河"的风貌,是表现古代上海成陆与发展的重要载体。近代上海传统城镇演变的缩影,是上海老浦东原住民生活的真实画卷。

道路 水系

图浦-12 新场古镇道路水系肌理分析

图浦-13 新场古镇历史建筑

（三）典型建筑

1. 高桥古镇仰贤堂

2. 川沙古镇曹氏民宅

3. 大团古镇潘氏民宅

八、奉贤区

（一）总述

6000余年前，现今上海版图的大部分区域还未成陆，冈身以东的疆域处于茫茫大海之中，显然，今日奉贤所在的区域当时大部处于水面之下。冈身纵贯了现在上海的嘉定、青浦、松江、闵行、金山等区，其南端紧邻奉贤。现在奉贤区的大部分区域位于冈身以东，小部分区域位于冈身附近，如胡桥、柘林、南桥等地。出土于柘林镇冯桥村的"柘林古文化遗址"、南桥江海村的"江海古文化遗址"显示，奉贤境内的人类活动可上溯至距今三四千年的新石器时代。

唐开元元年（713），绵延200多公里的江南海塘（苏松海塘）得以修建，它位于冈身以东30公里处，在上海境内长达170多公里，并绵延至浙江境内。奉贤的大部区域随着上海地区东部岸线的逐渐外移开始成陆。据《元丰九域志》记载，北宋元丰年间，青墩（今奉城）已有盐场。南宋《云间志》"堰闸"条记载："旧瀚海塘，西南抵海盐界，东北抵松江，长一百五十里。"有了捍海塘的护卫，奉贤的地域在唐宋年间得到了极大的拓展。宋乾道八年（1172），一条"起嘉定之老鹳嘴之南，抵海宁之澉浦以西"的海塘被筑成，这使上海的陆地边界慢慢抵达了浦东的合庆、祝桥、惠南、四团、奉城一线，从那时起，奉贤的大部领土已经成型。当然，在上海地区海岸线不断东扩的过程中，其南濒杭州湾的岸线却在不断北移，为了捍卫南部的海岸，东西走向的捍海塘开始出现，如现存于柘林奉柘公路南侧的"奉贤华亭海塘"。

现今的奉贤区位于上海市黄浦江东岸，地处中国沿海开放带的中心和长江入海口的交汇处，倚靠蓬勃发展的长三角都市群，面向浩瀚无垠的太平洋。境内地势东高西低，平均海拔3.87米。因地层为长江冲积层，地形略呈三角形，海岸线全长115公里。

图奉-1 庄行南桥塘风貌区历史建筑现状航拍总图

（二）典型村镇

1. 庄行镇

庄行，原名庄家行，地处古冈身以西，成陆较早，宋时已成村落。元末明初镇东市已成，为盛姓聚族而居名盛家厍，明洪武初因庄氏迁入开设花行米行，庄姓逐渐势盖盛姓而得名庄家行。明嘉靖二年(1523)，工部郎中林文沛开浚南桥塘，集镇逐渐形成。万历年间称庄行镇（图奉-1）。

庄行老街中段沿街保留了较为完整的晚清至民国时期的商业建筑群，建筑立面风格统一，多为商住结合的模式。尤其是20世纪20年代大量同期新建的沿街底商上居的建筑，高度和立面极为相似，在当时成为规模可观的近代商业老街格局（图奉-2）。

图奉-2　庄行东街街景

2. 青村镇

青村港镇原名青溪，唐初成陆。宋初有流徙移民和渔、盐民居住，渐成村庄。有溪水穿村而过，通大海，两岸芦苇茂密葱绿，故称青溪。

明嘉靖二十年（1541），位于青村港以北的陶宅镇屡遭倭患，日趋衰落，而青溪遂渐成商市。由于青溪镇水陆交通便利，各种建筑物相继出现，继冲和道院，又荒三祝禅院，立"海秀"牌坊，建市中"南虹桥"。江南水乡之镇颇见兴盛。据嘉庆《松江府志·疆域》载："分县后舟楫往来如织，百货聚焉，廛闳之盛，遂冠东乡诸镇"（分县指清雍正二年割华亭县东境设奉贤县）。

清雍正六年（1728），县令舒慕芬引南桥塘水经益村坝通奉城城壕，称青村港，青溪镇为港畔唯一之集镇，故易名青村港镇。

青村老街的乡土建筑群落不是标准的四合院或四水归堂式天井建筑，而是既遵守了传统江南营造形制又结合了老街自身风俗习惯、地形地貌、经济能力和气候特点，以合院天井见长（图奉-4）。

图奉-3　青村港风貌区历史建筑现状航拍总图

图奉-4　合院天井建筑（张炳官宅）

图奉-5　青村镇风貌

3. 奉城镇

　　奉城成陆于北宋时期，距今约1000年，历史悠久。据元代徐硕《至元嘉禾志》等记载，该地原名青墩，又名墩明，因海寇来犯时，墩上举火为号而得名。宋神宗元丰元年（1078），地设青墩盐场，后绿树成荫，改称青林。南宋乾道八年（1172）筑里护塘后，盐民、渔民群居，渐成村落，青林遂改名青村。元末明初海寇频频犯境，为了防御海寇侵袭，明洪武十九年（1386），朱元璋派信国公汤和于沿海筑堡防御。时青村地处海滨，系防倭军事要地，故筑城墙，掘城壕，建成坚固的城堡，名青村堡，并置守御千户青村所。明正德年间，改称守御青村中前千户所。清雍正四年（1726）建县时，县署初居南桥，雍正九年迁青村所城，从此以奉贤县城一名代替青村所城，简称奉城（图奉-6、图奉-7）。

　　奉城老城厢保留了四条老街共同组成的特征明显的十字形古城道路骨架，留存有总长不到50米的古城墙，并留下几段旧城基，滨水界面及护城河依然清晰可辨（图奉-8）。受所在地域文化的深远影响，奉城老城厢的历史格局兼有北方官式城镇和江南水乡城镇的双重特征，是江南地区为数不多的从军事防御要求出发进行城市选址、城镇格局采用典型的北方官式城镇做法营建并发展起来的历史城镇。

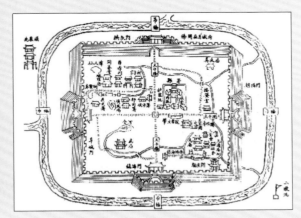

图奉-6　奉城古地图（清）

图奉 -7 奉城老城厢原貌图

图奉 -8 奉城老城厢航拍图

（三）典型建筑

1. 庄行镇西刁氏宅

西刁氏宅，现位于庄行镇庄行居委油车弄，弄始建于清代，据流传，此宅原为庄行刁姓名医所有。西刁氏宅面阔5开间，共2层，占地面积为412.4平方米，建筑面积为510.72平方米，传统穿斗木结构形式，二层为披檐。该建筑前后均有庭院，并有仪门一座，山墙为五山屏风墙，体现徽派建筑风格，屋面覆盖小青瓦，具有一定的历史及文物价值。2015年对此文物点进行了修缮。

南庭院仪门在修缮中外表全被新材料覆盖，历史信息及细节有所遗失，南侧近墙角处的外层已经有所脱落，略有破损。

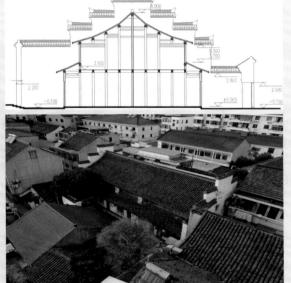

2. 庄行镇何六其宅

何六其宅，现位于庄行镇庄行居委东街，始建于清代。该建筑占地面积132.5平方米，建筑面积为220.2平方米，正厅面阔3间，共2层，进深6界；厢房1间，共2层，进深3界，硬山单坡屋面，屋面覆盖小青瓦，建筑2层外立面覆盖障水板。硬山双坡屋面，屋面铺设小青瓦，砖木结构，具有一定的历史及文物价值。2015年已对此文物点进行了修缮。

3. 庄行镇李家宅

李家宅，现位于庄行镇庄行居委东街，始建于清末民初，总体呈现晚清、民国风格。该建筑原系李氏私宅，祖上曾在上海市区经营实业，开设罐头食品厂，20世纪50年代后此宅相继为供销社、银行医院所用。

4. 青村镇张炳官宅

张炳官宅，现位于庄行镇庄行居委东街，坐北向南，一进两埭五开间。东西各有厢房，中设庭院。小青瓦屋面，两埭各设垂脊，硬山顶，山墙设观音兜，面积537平方米。

5. 奉城镇张惠钧宅

现存正房、西厢房及部分前宅，正房西侧加建一间，东厢拆除新建二层小楼，前院分为两户，局部加建。

6. 奉城镇杨六宅

杨六宅两进院落,前院西厢不存,南北向厢房围拢东西向宅屋,如后院正房三开间,厢房五开间,山墙保留观音兜形式。屋顶满铺小青瓦、传统风貌特征明显。

7. 上真道院

上真道院,始建于元泰定二年(1325),明万历十七年(1589)重建。清咸丰三年(1853)毁于兵燹。同治六年(1867)重建。1993年8月,该院经过大修,恢复开放,同时恢复宗教活动。院内主要供奉三清及斗姆元君、天师、财神、施全等神像。

8. 万佛阁

寺院气势宏伟,全寺由天王殿、大雄宝殿、万佛堂、万佛楼等建筑组成。本是一座乡间小庵,明朝开国之初,其负责管理该小庵的一尼师道静者,法眼清净,道行高洁,驻寺扩修新建了一座楼阁供奉万佛像,取名"万佛阁"。明洪武十九 (1386) 为防倭寇,信国公汤和大将军督筑奉城城墙,将万佛阁就地重建于月城湾内。

九、崇明区

（一）总述

崇明是上海各区中最晚成陆的区域。区域内最早的沙岛（东沙）出现于唐武德年间，后又相继出现了姚刘沙岛、三沙、西沙、平洋沙等岛。因江流冲刷，早期沙岛时有涨塌，县治所也历经五迁六建。至明末清初，各沙基本连接成大岛，地域基本稳定下来，并确定县治于今城桥镇（表崇-1）（图崇-1、图崇-2）。

崇明早期岛民主要来自江苏句容及江北一带，大部分耕地盐渍化程度较高，仅适合种植耐碱的棉花。因木棉的大量种植，崇明当地的纺织业迅速兴起。许多种植棉花的家庭，都置纺车纺机于家中，以纺织土布为业。

基于农耕生产的需要和对水患的防治，岛民对岛内土地通过"套圩"造田、筑堤挖渠的方式，改善水文情况。农宅则结合套圩所成的土地，形成"沟—堤—宅—田—塘"的独宅独水的沙洲聚落空间形态（图崇-3）。

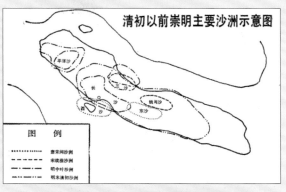

图崇-1 清初以前崇明主要沙洲示意图

图崇-2 16世纪崇明岛示意图

朝代	年号	名称	治所	隶属
五代初		崇明镇	西沙	无考
宋	嘉定十五年	天赐盐场	三沙	通州
元	至元十四年	崇明州	姚刘沙	扬州路
明	洪武二年	崇明县	姚刘沙	扬州路
	洪武八年	崇明县	姚刘沙	苏州府
	弘治十年	崇明县	姚刘沙	苏州府，兼隶太仓州
清	雍正二年	崇明县	长沙（今城桥镇）	太仓州
	宣统三年	崇明县	城桥镇	江苏省
民国	三年	崇明县	城桥镇	6月隶沪海道
	十六年	崇明县	城桥镇	江苏省
	二十二年	崇明县	城桥镇	江苏省第七区
	二十三年	崇明县	城桥镇	江苏省第四区
	二十八年	崇明特别区公署	城桥镇	上海特别市
	三十四年	崇明县	城桥镇	江苏省
	三十五年	崇明县	城桥镇	江苏省第四区（南通12月9日后改隶第三区（松江）

表崇-1 崇明地区建制沿革

图崇-3 "沟—堤—宅—田—塘"的空间形态

（二）典型村镇

崇明岛与其南北皆有通航。因往来沙岛南方的交通比较繁忙，崇明岛南岸沿码头林立，集镇规模逐渐扩大，并逐渐集聚成西北端城桥镇和东南端堡镇两大港口。而岛的中部、北部区域，则以大量农田为主，间或会有一些田宅结合的村落布局。

1. 城桥镇

城桥镇,为原县城与桥镇(因普济桥得名)的合称,自1583年筑城设为崇明县治以来已400余年(图崇-4)。

2. 堡镇

堡镇有300余年历史,相传1659年倭寇入侵,时堡镇人民多修土堡以御倭寇,后聚居者日多,遂名堡镇。历来是崇明东半部的经济、文化、交通中心(图崇-5)。

图崇-4 城桥镇历史建筑

图崇-5 堡镇历史建筑

3. 新河镇

明末清初,顾、闵、周三姓人家来此开垦种植,取名顾闵周镇。清初,新开河纵贯集镇,南入长江,故更名为新开河镇,镇名载入康熙县志。后渐被人们称为新开河、新河镇(图崇-6)。

4. 草棚村

草棚村,保存有多处村内立帖结构的建筑,屋顶多为茅草铺就,砖砌方式与江南传统做法不同,颇具北方特色。并且保留有旧时商业建筑中的上翻店门和全脱卸门框,体现出自然村落商业街的特色(图崇-7)。

图崇 -6 新河镇历史建筑

图崇 -7 草棚村历史建筑

（三）典型建筑

1. 堡镇财贸村倪葆生故居

倪葆生宅，上海市第五批优秀历史建筑。始建于1927年，为民国时期堡镇富安纱厂股东之一倪葆生宅邸。坐北朝南，北、东、西三面有宅沟环绕。房屋建设多与田地结合，成大分散小集中的布置特点。建设活动受周围建筑影响较小，房屋格局相对较大。

倪葆生宅呈现出较为明显的村宅形式布局。农村现代化建设后，住宅区域集中，呈明显沿路布置的特点，原有田宅结合式的布局逐渐减少。

倪葆生宅正房、厢房均采用穿斗式结构。

第二进场心两侧厢房设有檐廊，檐柱与内侧步柱之间亦以木穿枋相连。

倪葆生宅檐口以瓦口板收口，无花边滴水瓦装饰。屋脊与山墙直接连接或以竖瓦收边，无哺鸡等屋脊装饰。墙门仅作简单花纹装饰。全宅整体装饰风格质朴。

2. 堡镇陆公义宅

陆公义宅，崇明区文物保护点，始建于民国年间。为民国时期堡镇工商地主陆公义宅邸。

陆公义宅呈现出较为明显的集镇形式布局。房屋基本贴邻建设，建筑密度较高。建设活动受周围建筑影响较大，房屋格局相对较小，住宅面宽12 米，总进深21.7 米，只有通过增加楼层扩大住宅面积；正房2 层，东西厢房1 层，成合院式布局，三者之间互相独立；集镇区耕作需求较小，基本不设置宅沟。住宅多做底层架空层，以御沙岛潮气侵袭。山墙均为硬山观音兜。观音兜起势靠近金檩处，为半观音兜山墙。

陆公义宅各细部具有一定装饰，呈现出总体以中式装饰为主、带有一定西式装饰元素的民国时期住宅特点。

檐口以瓦口板风口，屋脊正中以砖雕装饰；正房保留有海棠菱角式木质长窗；正房二层檐廊及室外木楼梯有木质雕花栏杆；外窗有弧形窗楣。

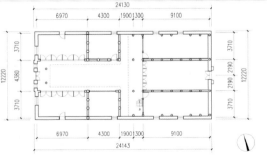

后记

　　历时两年的上海乡村调研、建筑元素特征提炼工作今天有了初步的沉淀。来自华建集团历史保护设计院、上海大学美术学院、同济城市规划设计研究院的三家学术团队，在上海市规划和自然资源局的组织指导下，历经田野调查、专题研讨、专家咨询、归纳提炼，完成了上述阶段性成果的总结。

　　在对上海松江、闵行、青浦、金山、嘉定、宝山、浦东、奉贤、崇明等9个涉农区展开了详尽的调研后，工作团队提出了有关上海地区四个文化圈的划分，即冈身松江文化圈、淞北平江文化圈、沿海新兴文化圈、沙岛文化圈。四个文化圈的划分既有冈身、吴淞江、海岸线等地理要素方面的原因，也有历史上行政区划的原因。在不同的文化圈，伴随着建筑特征的差异，还有方言、聚居习俗上的不同。在郑时龄、伍江、常青等诸先生的引导下，工作团队对上海乡村传统民居的地域特性、元素特征做出了梳理，就乡村传统建筑的空间肌理、色彩材质、屋面立面、构造工法、匠作装饰展开了提炼，基本厘清了上海乡土建筑的要素，为后续的传承研究打下了基础。

　　希望本书是开启上海乡土建筑研究的一块基石。

王海松

2019 年 12 月 3 日

图书在版编目（CIP）数据

上海乡村传统建筑元素 / 上海市规划和自然资源局 编著 . --
上海 : 上海大学出版社 , 2019.12
　ISBN 978-7-5671-3751-6

Ⅰ . ①上… Ⅱ . ①上… Ⅲ . ①乡村－建筑艺术－上海 Ⅳ . ①
TU-862

　中国版本图书馆 CIP 数据核字 (2019) 第 245510 号

责任编辑　傅玉芳
美术设计　李　风
技术编辑　金　鑫　钱宇坤

书　　名　上海乡村传统建筑元素
编　　著　上海市规划和自然资源局

出版发行　上海大学出版社
社　　址　上海市上大路 99 号
邮政编码　200444
网　　址　www.shupress.cn
发行热线　021-66135112
出 版 人　戴骏豪

印　　刷　上海颛辉印刷厂
经　　销　各地新华书店
开　　本　889mm×1194mm 1/16
印　　张　13.75
字　　数　275 千
版　　次　2019 年 12 月第 1 版
印　　次　2019 年 12 月第 1 次
书　　号　ISBN 978-7-5671-3751-6/TU·17
定　　价　160.00 元